基岩软弱夹层清水钻进高品质取芯技术

张书磊　李清波　葛宇家
缪绪樟　岳　文　宋海印　著

黄河水利出版社
·郑州·

内 容 提 要

软弱夹层关系着工程安全、造价与工期，是水利工程开工建设前重点关注的不良工程地质问题。国际范围内在建和已建的各类水利枢纽工程，至少有 1/3 的项目在勘察设计阶段涉及软弱夹层。钻探是水利工程地质勘察领域获取地下实物信息不可替代的技术手段。钻取高品质的软弱夹层岩芯对精确揭露软弱夹层的类型及获取相关的物理力学性质、探明软弱夹层的地下空间分布特征有着关键的意义。但是采用清水作为冲洗液钻取高品质的软弱夹层地层岩芯一直是水利工程勘察领域的难题。本书旨在梳理近年来国内外学者围绕软弱夹层取芯技术的最新研究进展，分析软弱夹层地层的钻进取芯特征，围绕软弱夹层取芯技术研发的最新钻具，介绍形成的新工艺及工程实例应用情况。

本书可供水利水电、交通、岩土等领域从事工程勘察工作的技术人员学习使用，也可供相关专业院校师生阅读参考。

图书在版编目(CIP)数据

基岩软弱夹层清水钻进高品质取芯技术 / 张书磊等著. -- 郑州 : 黄河水利出版社, 2024. 8. --ISBN 978-7-5509-3961-5

Ⅰ. P634. 5

中国国家版本馆 CIP 数据核字第 20245V4A41 号

责任编辑：陈彦霞　王志宽　　　责任校对：鲁　宁
封面设计：张心怡　　　　　　　责任监制：常红昕
出版发行：黄河水利出版社
　地址：河南省郑州市顺河路 49 号　邮政编码：450003
　网址：www. yrcp. com　E-mail：hhslcbs@ 126. com
　发行部电话：0371-66020550、66028024
承印单位：河南新华印刷集团有限公司
开本：787 mm×1 092 mm　1/16
印张：6. 5
字数：160 千字
版次：2024 年 8 月第 1 版　　　印次：2024 年 8 月第 1 次印刷

定价：56. 00 元

前 言

基岩软弱夹层清水钻进取芯一直是水利工程勘察领域存在的技术难题。国内外水利枢纽工程项目中,许多坝基或边坡岩体内均发育有软弱夹层,其中至少1/3的大坝在建设中需要考虑软弱夹层的影响。在工程勘察阶段采用钻探手段揭露水利工程拟建区域地下空间软弱夹层的分布特征以及通过钻取的岩芯获取软弱夹层地层的物理力学参数仍然是最直接、最经济的不可替代的技术手段。岩芯的品质直接关系着勘察的精度,关系着工程稳定与防渗设计,也直接关系着工程安全与造价。因此,钻取高品质(岩芯采取率、岩芯完整系数、岩芯纯洁度与对磨扰动冲蚀情况等)的岩芯一直是工程勘察工作者所追求的目标。水利工程勘察钻探作业有自己的特殊要求,钻孔不仅是为了获取高品质的地质岩芯,还可用来做水文地质试验、测试地层的渗透系数等。行业技术规范通常要求清水作为冲洗液,但没有特定冲洗液在岩芯表面的成膜、疏水、防冲起保护作用,无疑增加了软弱夹层地层的取芯难度。目前,水利工程勘察领域常用的几种复杂地层钻探取芯技术虽然能够满足取芯要求,但是在清水作为冲洗液时,取芯效果难以令人满意。本书针对软弱夹层地层取芯技术研究领域存在的问题,围绕基岩软弱夹层清水钻进高品质取芯关键技术,从钻具、钻头入手研究,为软弱夹层地层取芯提供装备支撑,以钻进取芯试验研究为依托,为软弱夹层地层钻进取芯提供技术支撑,具有实际工程意义。

本书采用理论分析、数值模拟及室内试验与现场试验相结合的方法,以古贤水利枢纽坝址区域的软弱夹层为研究对象,以取芯钻具和取芯钻头为突破点,采用机械设计理论、流体力学理论、Fluent 流体仿真软件、软弱夹层岩芯冲蚀试验平台、软弱夹层地层钻进取芯试验平台等,围绕软弱夹层地层钻进取芯特征、软弱夹层清水钻进取芯钻具整体结构设计与关键结构优化、软弱夹层清水钻进 PDC 取芯钻头孔底流场 3D 数值模拟仿真优化、软弱夹层取芯钻具清水钻进取芯功能试验、软弱夹层高品质取芯技术工程应用试验等展开了详细研究,取得的主要成果如下:

(1)探明了软弱夹层地层的钻进取芯特征。软弱夹层结构松散、强度弱、易冲蚀以及呈两个坚硬厚层中夹极薄软层的模式,决定其在钻进取芯过程中具有易受振动扰动、易发生岩芯对磨、易受冲洗液冲蚀的钻进取芯特征。

(2)设计出一套软弱夹层地层钻进取芯钻具。钻具采用敞口取粉管与沉砂管组合使用的除砂机构,钻具上端设置有扩孔器结构的四用接手与钻具下端扩孔器组合使用的防振结构、推力轴承与滚动轴承组合使用的单动结构、独特的三层管结构设计(外管、内管、衬管,其中内管为满管,衬管为不锈钢半合管),能够有效保证钻具的防振、防冲、防对磨性能。

(3)设计出一款软弱夹层地层专用双通道侧喷 PDC 取芯钻头。该钻头钢体设计成阶梯形状,钢体前端与阶梯处两个唇面均布置有 PDC 切削齿,钢体前端唇面设置有 L 形侧喷孔,阶梯处唇面设置有斜侧喷孔。双侧喷通道的设计,既能保证冲洗液不对钻头前端及钻头内部的岩芯产生冲蚀作用,又能保证将钻头钢体前端切削齿切削的岩屑及时带出孔外,避免产生泥包岩芯的现象。

(4)揭示了水口结构对孔底钻头环空流场分布的影响特征及对岩芯壁面流速的影响规律。相同钻进工况下常规不隔水 PDC 取芯钻头、半隔水 PDC 取芯钻头的水口结构对孔底流场分布状态影响较弱,底喷 PDC 取芯钻头、侧喷 PDC 取芯钻头、双通道侧喷 PDC 取芯钻头的水口结构对孔底流场影响显著,对钻探取芯而言具有明显的隔水作用,但是底喷 PDC 取芯钻头的水口设计方式对岩芯根部冲蚀作用明显。侧喷 PDC 取芯钻头、双通道侧喷 PDC 取芯钻头岩芯壁面流速远小于其他三款取芯钻头岩芯壁面的流速,具有明显的防冲蚀作用。

(5)揭示了冲洗液流量与双通道侧喷 PDC 取芯钻头岩芯表面流速的关系。数值模拟结果显示,在只改变冲洗液流量这一参数的条件下,对于双通道侧喷这一特定水口结构,冲洗液流量越大,岩芯表面的流速越大,冲洗液流量与岩芯表面流速呈线性关系。当冲洗液流量在 40~100 L/min 变化时,岩芯壁面对应的流速变化范围为 0.015~0.018 m/s,均小于冲洗液冲蚀软弱夹层岩芯的流速阈值范围。

(6)确定了冲洗液冲蚀软弱夹层岩芯的流速阈值范围。岩芯冲蚀临界流速阈值范围试验研究结果显示,在本书设置的试验条件下,当冲洗液流速小于 0.8 m/s 时,岩芯冲蚀 60 s 后,岩芯样被冲蚀掉的质量差别不大,都比较少,当冲洗液流速大于 0.933 m/s 时,岩芯样被冲掉的质量显著增大。根据冲洗液流速与冲蚀掉的岩芯干重质量曲线,冲洗液冲蚀岩芯,其流速阈值范围为 0.8~0.933 m/s。

(7)形成了以“软弱夹层取芯钻具+双通道侧喷 PDC 取芯钻头+钻进规程+操作工艺”为核心的基岩软弱夹层清水钻进高品质取芯关键技术,经过室内软弱夹层地层钻进取芯试验、黄河古贤水利枢纽坝址区域工程勘察项目应用试验检验,均可取出高品质(岩芯采取率>97.1%,岩芯完整系数>0.99,岩芯纯洁度好,岩芯对磨振动扰动少,冲蚀痕迹不明显)的软弱夹层岩芯,且成本优势大,可复制推广应用,应该是目前水利工程勘察领域中软弱夹层地层清水钻进取芯的最佳技术选择。

本书全面介绍了基岩软弱夹层清水钻进高品质取芯技术。全书共分 7 章。第 1 章介绍了软弱夹层取芯技术国内外研究现状、取芯困难地层取芯钻具国内外研究现状方面的内容,由李清波、岳文、张书磊撰写;第 2 章介绍了软弱夹层地层的钻探取芯特点,包括影响岩芯钻取品质的因素、软弱夹层的工程地质特征与取芯钻进特征以及软弱夹层取芯技术难点分析等,由葛字家撰写;第 3 章介绍了软弱夹层清水钻进取芯钻具整体结构设计与关键结构优化,包括软弱夹层取芯钻具的设计思路、软弱夹层取芯钻具的工作原理及规格参数、软弱夹层取芯钻具关键结构优化设计、软弱夹层取芯钻具的维护与养护,由张书磊撰写;第 4 章介绍了软弱夹层清水钻进 PDC 取芯钻头孔底流场 3D 数值模拟仿真优化研究,包括仿真软件介绍、仿真计算方案与冲蚀试验方案、PDC 取芯钻头流场仿真建模、PDC 取芯钻头流场对比分析,由张书磊撰写;第 5 章为软弱夹层取芯钻具清水钻进取芯功能试验研究,由缪绪樟撰写;第 6 章为软弱夹层高品质取芯技术工程应用试验研究,由宋海印撰写;第 7 章对基岩软弱夹层清水钻进高品质取芯技术进行了总结,并结合相关研究发展趋势进行了展望,由李清波、岳文撰写。全书由张书磊、李清波负责统稿。本书在撰写过程中得到了曹雪然、汪洋、张成志、吕万宏、肖长缘、王栋、李文龙、崔晋华等的大力支持和帮助,在此表示感谢!

为了推广应用科研项目成果,发挥其应有的效益,本书是在完成项目研究工作的基础上经补充完善而成的,以期对水利工程软弱夹层地层勘察发挥应有的作用。

由于作者水平有限,书中难免会有一些错漏和不当之处,敬请读者批评指正。

作 者

2024 年 3 月

目　录

第1章　绪　论

1.1 研究背景与意义

黄河流域生态保护和高质量发展已上升为重大国家战略,包括黄河古贤水利枢纽工程在内的150余项重大水利工程,都要在“十四五”期间加快工程建设步伐。国内外水利枢纽工程项目中,许多坝基或边坡岩体内均发育有软弱夹层,其中至少1/3的大坝在建设中需要考虑软弱夹层的影响。已建成的水电站如乌江彭水水电站、葛洲坝水电站、小浪底水电站、向家坝水电站、沙沱水电站、八盘峡水电站、大藤峡水电站、巴基斯坦卡洛特水电站等,在前期勘察中坝址区域均发现软弱夹层,因此这些大坝在设计和施工中克服了诸多困难。国内外发生事故或失事的许多水利工程,大多数也都与软弱夹层问题有关,如法国的马尔帕塞拱坝失事、意大利的 Vaiont 水库近坝地段失稳破坏、山阳“8 · 12”山体滑坡、加拿大 Frank 滑坡、云南某水电站坝基破坏等。诸多的工程实例表明,软弱夹层作为层状岩体中常见的一种特殊的软弱结构面,其分布、厚度、产状及物理性质对岩体抗滑稳定造成不利影响,甚至成为坝基、边坡、洞室等工程岩体稳定性的控制因素。软弱夹层关系着工程稳定与防渗设计,也直接关系着工程安全与造价,因此坝址区域软弱夹层的地下空间分布规律及性状特征是水利工程开工建设前必须精准查清的重大工程地质问题。

目前,钻进取芯仍是工程勘察领域直观获取包括软弱夹层在内的地下地质信息的无可替代的技术手段。但是水利工程勘察钻探作业有自己的特殊要求,钻孔不仅为获取高品质的地质岩芯,还需要用来做水文地质试验、测试地层的渗透系数等,通常要求采用清水作为冲洗液,如《水利水电工程钻孔压水试验规程》(SL 31—2003)中明确规定“压水试验钻孔不应使用泥浆等护壁材料钻进”。泥浆可以在岩芯表面形成分子膜(隔离膜),阻止泥浆滤液进入岩芯,有效防止岩芯水化、膨胀、冲蚀,没有泥浆的成膜护芯作用,无疑增加了水利行业钻探取芯作业的特殊性和难度。行业中现有的软弱夹层取芯技术有大口径取芯钻探技术、套钻取芯钻探技术、无泵反循环取芯钻探技术、植物胶辅助取芯钻探技术、清水取芯钻探技术(单动半合管取芯技术)等,虽然上述钻进取芯技术都有各自的优点,但仍然存在如下问题:大口径取芯技术存在成本高昂的问题、套钻取芯技术存在破坏岩芯原状结构的问题、无泵反循环钻进取芯技术受限于应用钻孔深度与取芯效率并且通常与高悬浮冲洗液配合使用的问题、植物胶辅助钻探取芯技术因影响压水试验结果被严格限制使用的问题、清水取芯钻进技术经常丢芯的问题,这些问题使得软弱夹层地层钻探取芯困难,特别是清水作为冲洗液影响高品质钻探取芯的问题一直没有得到彻底的解决。在钻探工程领域,影响钻探取芯品质的因素有很多,包括地质因素、钻具、钻进规程、钻探操作人员技术水平、冲洗液类型、岩芯直径等,但是钻具是影响钻探取芯品质的首要因素。因此,通过研究优化钻具的性能并配合相关的施工工艺来提高取芯品质仍然是软弱夹层钻探取芯技术领域最有潜力的研究方向。

为此,本书针对软弱夹层独特的软硬互层工程地质特征以及"怕振动扰动、怕对磨、怕冲蚀"的钻进取芯特征,围绕软弱夹层清水钻进高品质取芯关键技术开展研究。首先,基于机械设计理论、理论力学理论、流体力学理论,并在现有取芯钻具结构基础上,通过对软弱夹层取芯钻具的关键结构开展优化设计,包括钻具单动机构、内管机构、沉砂机构、防振机构以及其他核心机构,形成一款软弱夹层地层清水钻进高品质取芯钻具。其次,通过搭建室内岩芯冲蚀试验平台,开展软弱夹层岩芯冲蚀临界流速阈值范围试验研究,获取软弱夹层岩芯冲蚀流速阈值范围,为开展防冲钻头设计提供数据支撑。基于数值模拟仿真技术设计研究不同钻头水口结构的孔底流场分布特征、钻头水口结构对岩芯表面流速的影响规律、冲洗液流量对岩芯表面流速的影响规律,研发出专用的防冲蚀双通道侧喷 PDC 取芯钻头。再次,按照土工试验规程采用古贤水利枢纽工程坝址区域采集的软弱夹层散状样搭建室内软弱夹层地层钻进取芯试验平台,开展钻进取芯功能验证试验,从试验角度初步验证数值模拟结果的准确性以及本书设计的钻具和钻头能否满足功能设计的要求。最后,在古贤水利枢纽坝址区域开展软弱夹层地层钻进取芯试验,形成配套钻进取芯工艺。研究成果形成专有软弱夹层地层清水钻进高品质取芯钻具与配套工艺,可为水利工程工程勘察领域实际工程应用提供坚实的技术支撑,能够带来较大的经济效益,工程意义重大,应用价值显著。

1.2 国内外研究现状

1.2.1 软弱夹层取芯技术国内外研究现状

西方发达国家基础建设设施基本成熟,很难找到近 20 年来国外关于软弱夹层地层钻进取芯技术研究的相关资料。我国水利行业工程勘察领域专门用于软弱夹层地层取芯的钻具和方法也比较少。

(1)套钻取芯技术[曾列为国家重点科研项目,此技术被编入《水利水电工程钻探规程》(DL 5013—92)]。采用直径 46 mm 的小口径金刚石钻探超前孔钻进 1.5 m,若有软弱夹层,则用灌入器送入一种强固黏结剂于小孔中,为增加强度,小孔中一起凝固一钢芯管,待凝固 8 h 后,再用直径 110 mm 的金刚石双管钻具钻出 1.5 m 凝固岩芯。套钻取芯技术能将软弱夹层高达 91%以上的岩芯钻取出来,但是破坏了岩芯的原状结构,且耗时长。

(2)大口径金刚石复合片取芯钻头取芯技术。如黄河勘测规划设计研究院有限公司专门研制了一款直径 615 mm 的大口径金刚石复合片取芯钻头(见图 1-1),实现了钻头体、岩芯管和岩芯管接头三者一体化,应用于黄河某水利枢纽工程地质勘察中,较好地取出了地层中发育的软弱夹层。但是该技术钻探能力有限(仅能够钻进数十米),钻进成本过高。

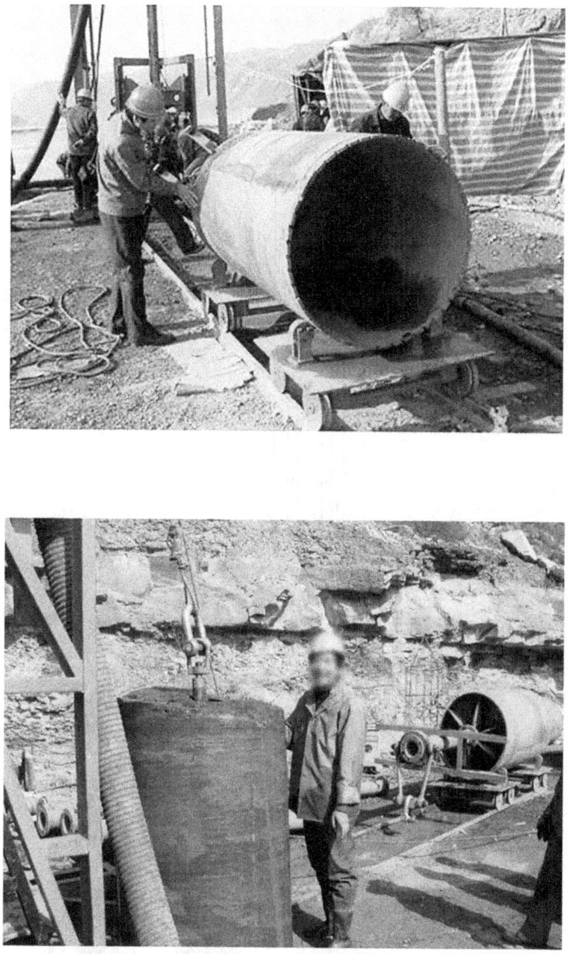

图 1-1 大口径金刚石复合片取芯钻头

（3）无泵反循环钻进取芯技术（见图 1-2）。此项技术在钻具上接手设置一球座台阶，放入小钢球，钻进时根据进尺情况提动钻具，提上时小钢球关闭上水道，扫孔下钻时孔内钻进成果和孔外的水一同进入管内，通过钻进过程中不断提动钻具完成钻进作业。无泵反循环钻进取芯技术可以减少冲洗液对岩芯的冲刷和挤压，防止岩芯的自卡和磨损，在松软地层钻进时能提高岩芯采取率，但是该技术只适合浅孔钻进。

（4）SD 系列单动双管金刚石钻具配合 SM、KL 等类型植物胶冲洗液取芯技术。成都李工钻探设备有限公司研制开发的专利产品“双级单动金刚石钻具”（SD 系列单动双管金刚石钻具，见图 1-3）和 S 系列植物胶钻孔粉（见图 1-4）是 20 世纪 80 年代曾获国家科学技术进步奖二等奖、部科技进步一等奖和国际金奖以及两项发明专利的国家重点科技攻关成果以后的换代新产品。该技术也是软弱夹层地层钻进取芯可使用的技术之一。

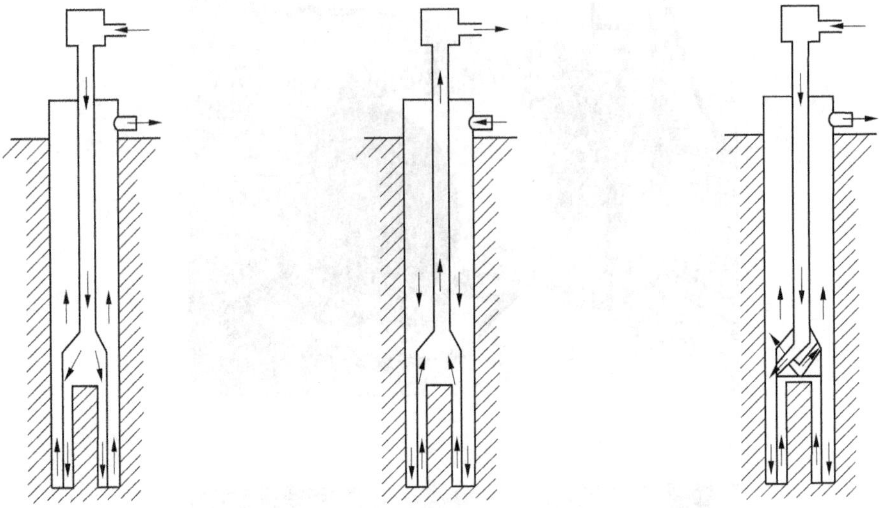

(a)正循环取芯钻具　(b)全孔反循环取芯钻具　(c)孔底局部反循环取芯钻具

图 1-2　无泵反循环钻进取芯技术工作原理示意

图 1-3　SD 系列单动双管金刚石钻具

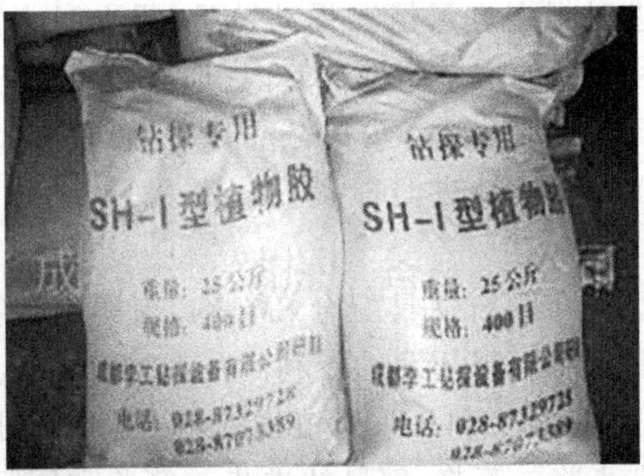

图 1-4　S 系列植物胶钻孔粉

（5）SH 植物胶冲洗液斜孔钻进取芯技术。黄河勘测规划设计研究院有限公司采用自行研制的直径 91 mm 的半合管式双管单动钻具（见图 1-5），配合 SH 植物胶根据区域可行性研究阶段勘察成果，沿软弱夹层走向，确定相应角度布置钻孔，确保钻孔中心线与软弱夹层有 15°以上的夹角，最大程度地增加泥化层的取芯深度，也减弱了钻进过程中岩芯的互相磨损，岩芯管设计成半合管，打开半合管后即可取芯，减少了对内管岩芯的敲击，最大限度地减少人为扰动，较真实反映地层情况。

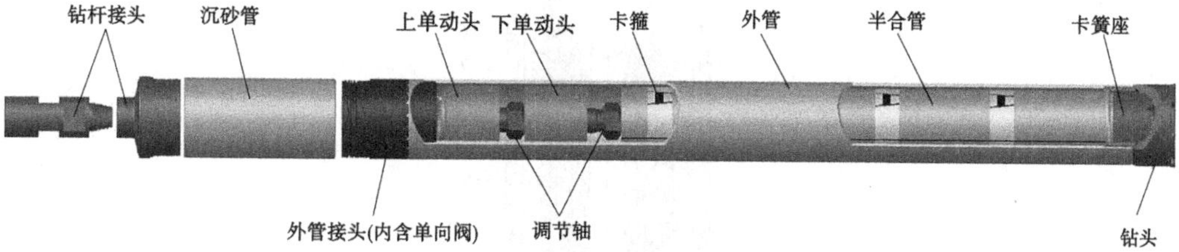

图 1-5　半合管式双管单动钻具示意

由于水利行业勘察钻孔清水作业的特殊要求，最后两种软弱夹层钻进取芯技术通常被限制使用。上述软弱夹层取芯技术或通过特定钻具配合黏结剂，或通过特定钻具增大岩芯的直径，或通过特定钻具降低孔底冲洗液的流速，或通过特定钻具配合特定的冲洗液在岩芯表面形成一层保护膜避免软弱夹层岩芯遭受冲蚀，以达到提高软弱夹层岩芯采取率的目的。但是采用清水作为冲洗液钻取高品质的软弱夹层岩芯的工程实例鲜有报道，鉴于钻具在钻进取芯中的核心地位，因此就清水作为冲洗液的软弱夹层钻进取芯技术来说，开发适用的钻具是关键所在。

1.2.2　取芯困难地层取芯钻具国内外研究现状

常见的钻探取芯技术可分为石油钻探取芯技术、科学钻探取芯技术以及地质勘探取芯技术，其中地质勘探取芯技术又可分为固体矿产钻探取芯技术、水文水井钻探取芯技术以及工程勘察钻探取芯技术。工程勘察钻探是在前期已完成地质测绘和简单物探的基础上，使用钻探的方法确认并划分地层，描述岩土体性质、成分、产状，了解岩土体物理力学性质，为后续设计、施工、规划等各类工程建设项目提供评价所必需的地质数据和资料。因此，高质量的工程勘察外业工作——工程地质钻探，是确保工程勘察质量的关键条件。虽然钻探取芯领域各有不同，但是将研究高性能取芯钻具作为提升取芯困难地层钻探取芯品质的主要突破口，一直是国内外学者和机构所达成的共识。

在石油钻探取芯领域，针对松软、破碎取芯困难地层，美国 Baker Hughes 公司开发有 Hydro-lift full closure catcher 取芯钻具和保形取芯钻具；Hydro-lift full closure catcher 取芯钻具主要有两个特别之处：一是设置了液力提升系统（见图 1-6）；二是采用了全封闭岩芯爪（见图 1-7）。液力提升系统可使岩芯顺利地进入内岩芯管，岩芯爪则在完成取芯后将内岩芯管完全封闭，从而有效地获取软、疏松或未固结地层的岩芯。Security DBS 公司开发有 Posiclose 取芯钻具，Posiclose 取芯钻具的切断岩芯过程是靠提升内筒来实现的，

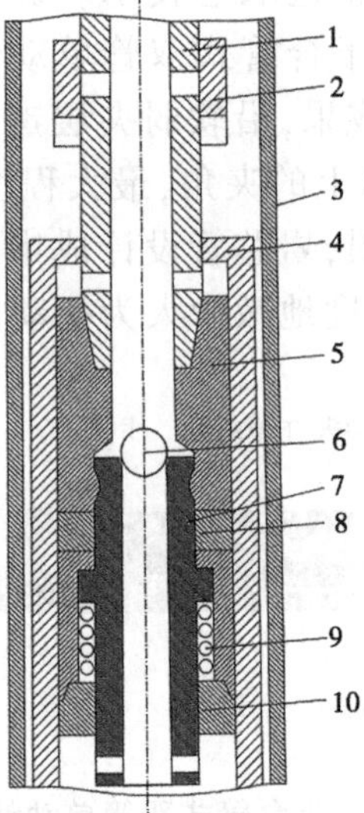

1—提升轴;2—旁通套;3—外筒;4—提升套;5—锁套;
6—小钢球;7—滑套;8—锁块;9—弹簧;10—弹簧座。

图 1-6　Hydro-lift full closure catcher 取芯钻具液力提升系统

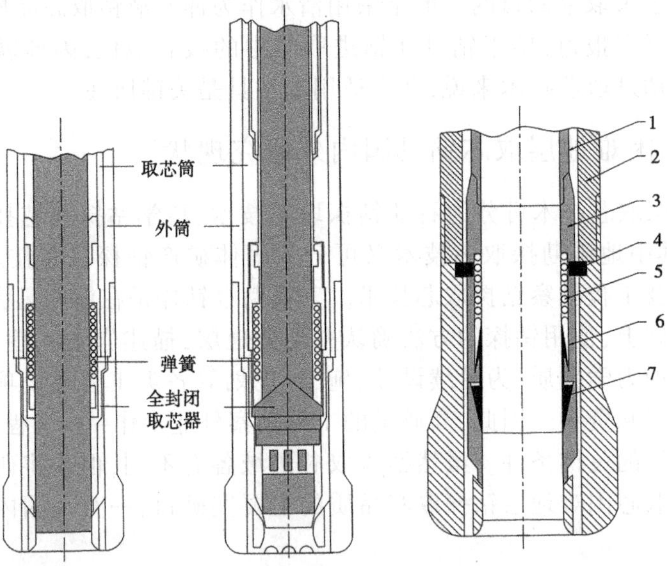

1—岩芯爪内套;2—外筒;3—岩芯爪外套;4—定位块;
5—弹簧;6—全封闭蛤壳;7—卡瓦式岩芯爪。

图 1-7　Hydro-lift full closure catcher 取芯钻具岩芯爪

钻具的岩芯爪部分与 Hydro-lift full closure catche 钻具的原理相同。Eastman Christensen 公司设计了橡皮套取芯钻具,该钻具在钻进取芯时,上下单筒棘爪交替动作,可保证提芯管、橡皮套和岩芯固定不动,内筒、外筒和取芯钻头伸缩接头给进和驱动,岩芯包在橡皮卷内,重量由提芯管支持,而不是由岩芯自承受,这样可避免出现普通取芯钻具中疏松岩芯磨芯、挤压、相对错位而导致的压碎和滑移等问题,其目的是提高松软、破碎地层的岩芯采取率。

在科学钻探取芯领域,中国地质大学(武汉)胡郁乐等针对无胶结、松散、易破碎地层钻进取芯自行设计了一款高保真取芯钻具,该钻具采用单动双管机构,同时对钻头进行特殊设计,采用了隔水环结构、泄流槽结构。该设计既可保证钻进时效,又可避免冲洗液对岩芯的冲刷。其设计的隔水钻头模型、内外管与钻头的组配关系如图1-8、图1-9所示。

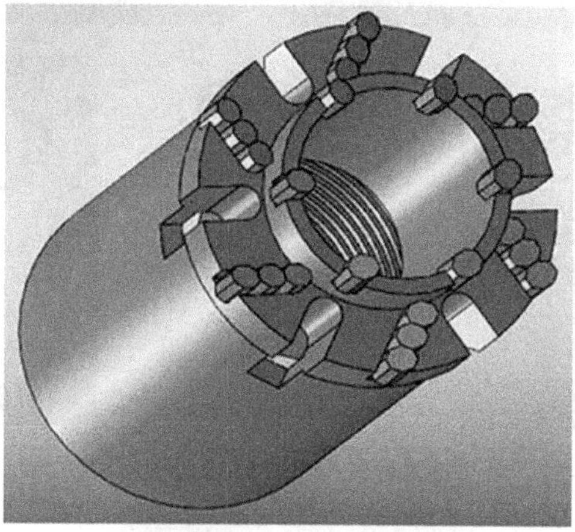

图1-8 隔水钻头模型

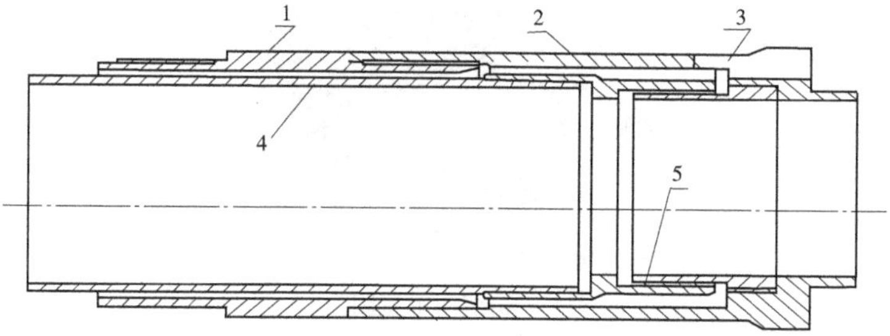

1—外管接头;2—钻头;3—泄流槽;4—内管;5—隔水环。

图1-9 内外管与钻头的组配关系

中国地质科学院探矿工艺研究所、成都理工大学以汶川地震断裂带科学钻探工程为背景,针对地震断裂破碎带的松软破碎地层取芯困难、岩芯采取率低、回次进尺短、堵芯严重等难题,从取芯钻头孔底流场分析入手,优化取芯钻头水力结构和钻进参数,研发防冲刷钻头(见图1-10),较好地解决了松软破碎地层取芯钻头优选的技术难题。

湖南科技大学针对海底松软地层取芯困难的问题,设计出一种新型海底底喷取芯钻头(见图1-11),并进行了陆地钻进试验,初步验证了钻头的适用性。

图 1-10　汶川地震断裂带科学钻探工程所用防冲刷钻头

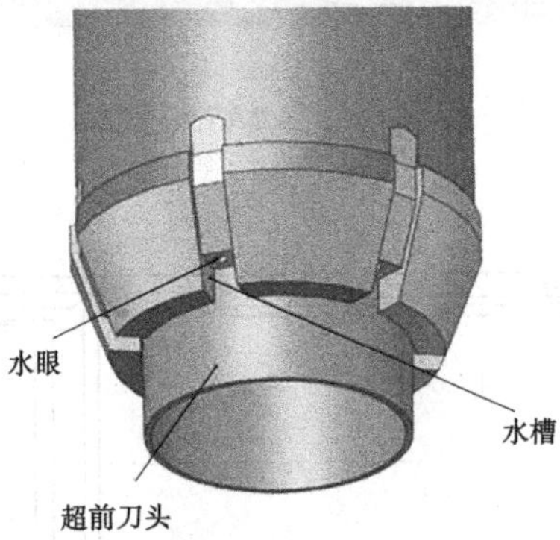

(a)结构示意图

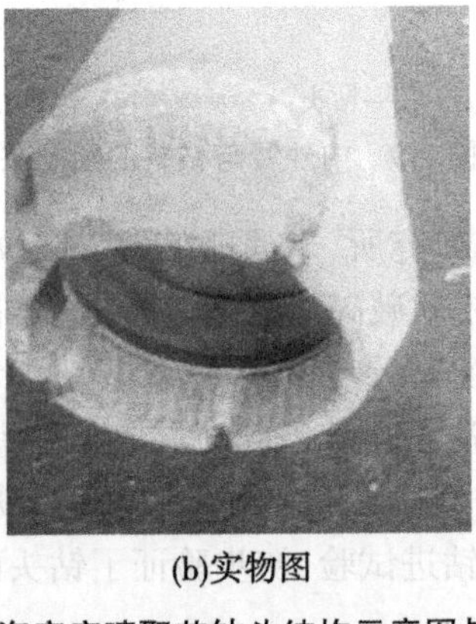

(b)实物图

图 1-11　海底底喷取芯钻头结构示意图与实物图

在固体矿产钻探取芯领域，中南大学张绍和等针对极破碎、易冲蚀、极软弱、水敏性地层取芯设计了囊袋式取芯钻具+超前侧喷孕镶金刚石钻头，其结构特点是内管中设计有隔绝冲洗液用以保持岩芯原始性的塑料囊袋（见图1-12）；内管下端接头处设计有用于扎紧塑料囊袋，防止岩芯从内管塑料囊袋中脱落出来的橡皮箍筋圈；扩孔器与钻头连接处设计有防止钻进过程中岩芯推动卡簧座、卡簧进入岩芯内管和内管塑料囊袋中的卡簧座限位挡圈；卡簧座限位挡圈与半合内管接箍通过插接连接；内管限位接手和外管变径接手之间根据需要存在2~15 cm的运动间隙；内管上端外径部位和外管内径上端部位设计有1~3对转动传力栓，钻进过程中，转动传力栓可带动内管随外管一起转动，同时内管可在外管内部上下滑动；内管限位接手和外管变径接手之间通过弹簧搭接；内管限位接手中设计有1~3个便于内管液体排出的溢流孔；钻头采用超前侧喷结构的孕镶金刚石钻头，显著提高了取芯率。

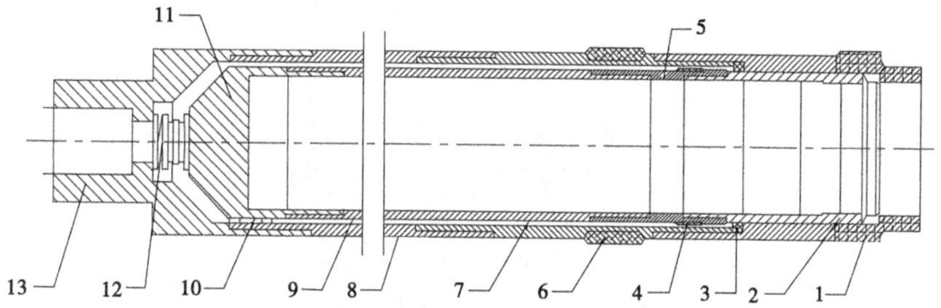

1—钻头；2—无丝卡簧座；3—卡簧座限位挡圈；4—橡皮箍筋圈；5—半合内管接箍；6—扩孔器；7—半合内管；8—外管；9—塑料囊袋；10—转动传力栓；11—内管限位接手；12—弹簧；13—外管变径接手。

图1-12　高采芯率双管取芯钻具结构示意

西安科技大学针对当前煤田钻探中常用的取芯工具在松软、破碎煤层取芯时存在煤芯采取率低、取芯效率差、煤芯原状性差等不足，分析了松软、破碎煤层取芯时易堵芯、易掉芯、易冲蚀煤芯等技术难题的原因；对松软、破碎煤层常用的单动双管取芯钻具进行了深入研究，通过对其各关键机构的分析与改进，设计了一套性能优良、适用于松软、破碎煤层的配合底喷钻头（见图1-13）使用的取芯钻具（见图1-14）。

在工程勘察领域，尹剑辉等针对破碎泥岩地层取芯率低的问题，通过对单动双管钻具结构和工作原理进行深入研究，在此基础上对单动双管钻具进行加工改造，通过加大钻头水槽截面、增加滤水管孔数和卡簧底座间隙，从而达到增大过水面积、改善冲洗液循环环境的目的，有效地提高了单动双管钻具在破碎泥岩地层中的钻进效率和岩芯采取率，相关钻具如图1-15所示。

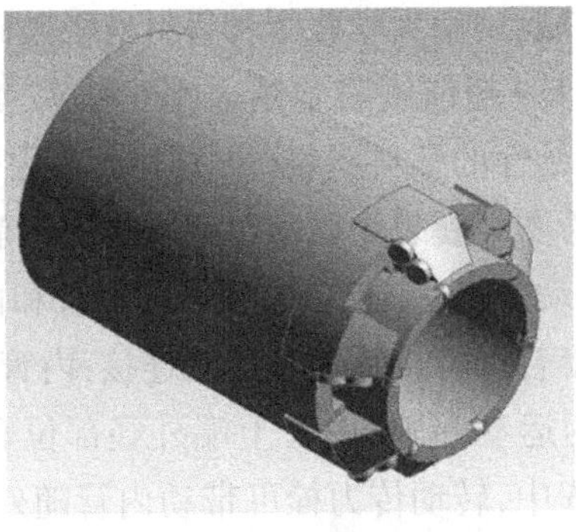

(a)隔液底喷钻头三维模型

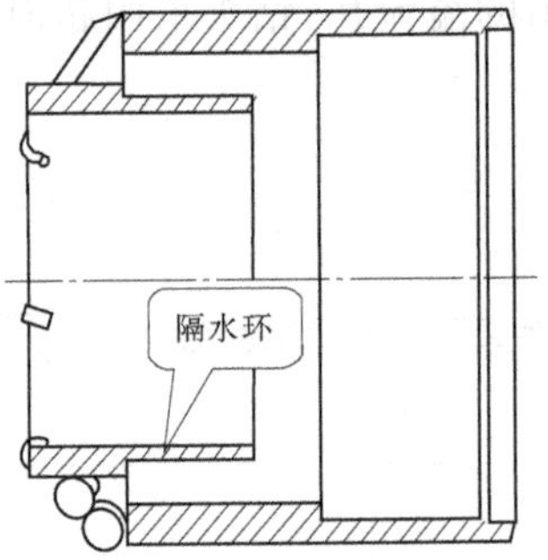

(b)隔液底喷钻头二维图

图 1-13　隔液底喷钻头示意

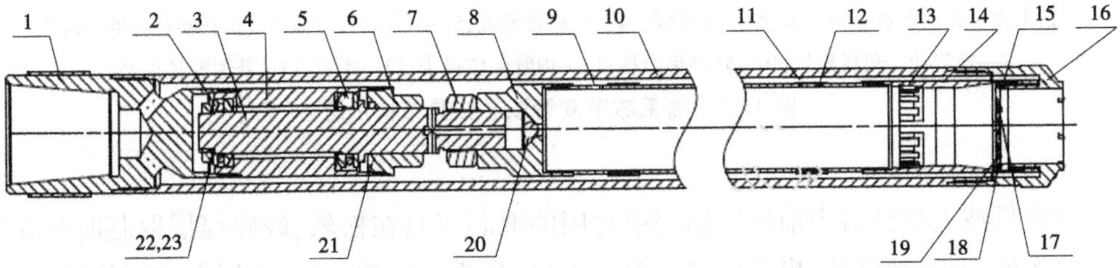

1—保径接头；2,5—外调芯推力轴承；3—芯轴；4—轴承套筒；6—堵丝；7—调节螺母；8—内管接头；9—半合管；10—外岩芯管；11—卡瓦；12—卡箍；13—卡簧；14—卡簧座；15—护芯座；16—取芯钻头；17—平列双扭弹簧；18—销轴；19—护芯板；20—钢球；21—毡封；22—止动垫圈；23—圆螺母。

图 1-14　松软、破碎煤层取芯工具

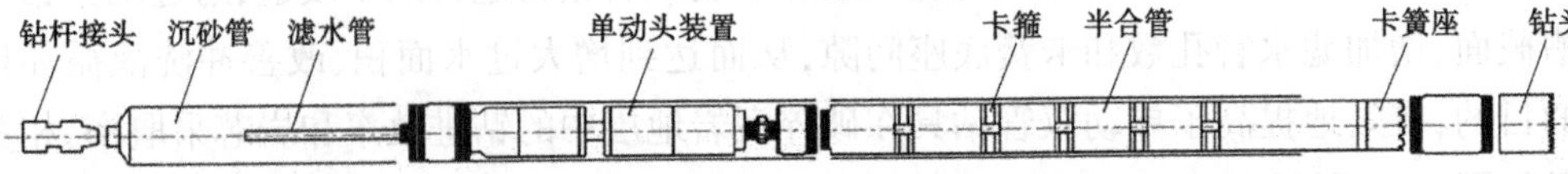

图 1-15　单动双管钻具结构组成示意

欧阳涛坚针对松散堆积滑坡体钻探取芯困难的问题，设计了一款新型双管取芯钻具（见图 1-16），该钻具采用 PVC 内管、单向阀、卡芯装置，简化了钻具结构，经过实际工程应用检验，使用效果良好。

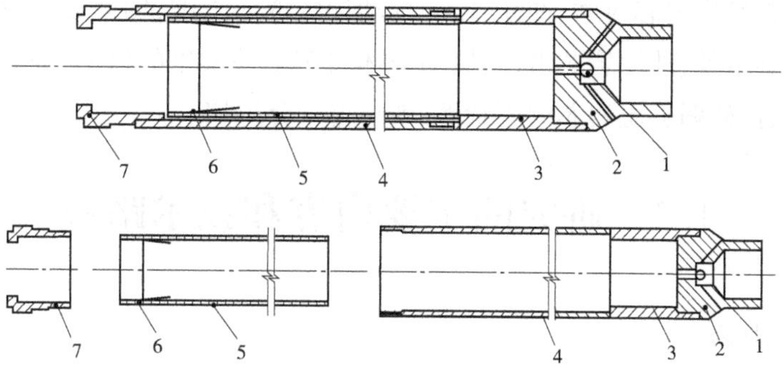

1—球阀；2—分水接头；3—废土管；4—外管；5—PVC 内管；6—卡芯装置；7—钻头。

图 1-16　新型双管取芯钻具结构组合及拆分

李道宾等采用半合式单动双管钻具，配合合理的钻进参数在破碎砂泥岩地层清水钻进取芯中取得了较好的效果。

中铁第四勘察设计院集团有限公司、中国地质大学（武汉）等基于松散、破碎、易冲蚀地层结构特征和钻取岩芯难点，提出了将防振动、防岩芯脱落、防冲刷冲蚀和地表岩芯筒出芯防止人为破坏等功能组合为一体的钻取岩芯设计思路，研制出一种具有多重提高取芯质量结构的新型取芯器（见图 1-17），采用球铰头实现单动防振，内层岩芯管中设置第三层半合管，采用底喷式钻头、弹簧活塞、软管支架及软管实现钻取岩芯的密闭保形。试验测试结果表明，该取样器能够显著提高复杂地层钻取岩芯质量，岩芯原状性好。

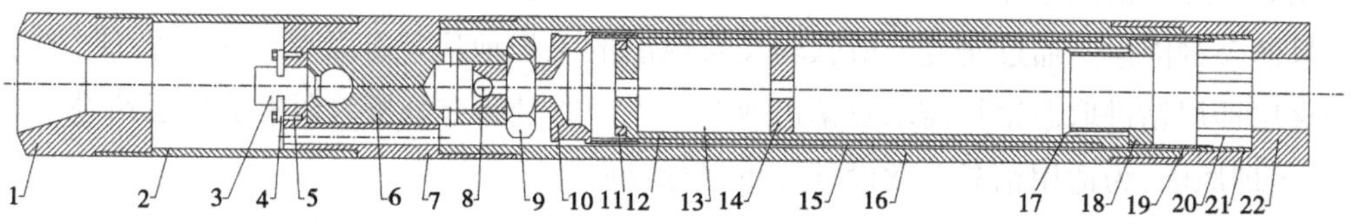

1—钻杆接头；2—连接管；3—球铰头；4—半月板；5—螺钉；6—芯柱；
7—过水接头；8—球阀；9—螺母；10—内管接头；11—卡箍；12—三重半合管；13—弹簧；
14—活塞；15—内管；16—外管；17—四重管；18—软管支架；19—短节；20—卡簧；
21—卡簧座；22—底喷钻头。

图 1-17　四重管密闭保形取样器结构

综上所述,数十年来,国内外学者、机构在各个钻探取芯领域,围绕复杂地层取芯研制多款钻具,取得了较好的工程实用效果,但是专门针对水利工程勘察领域重点关注的软弱夹层地层清水钻进取芯钻具开展的研究工作较少。现有的钻具在软弱夹层地层清水钻进取芯过程中经常发生岩芯对磨、冲蚀、振动扰动导致取芯失败,因此通过设计一款新型钻具降低岩芯对磨事件、冲蚀岩芯事件、振动破坏岩芯事件发生的概率,提高软弱夹层地层的取芯品质,保持软弱夹层岩芯的原状性,就显得十分迫切。

1.3　研究的主要内容和技术路线

1.3.1　研究内容

目前,国内外学者虽然围绕包括软弱夹层地层在内的取芯困难地层的钻进技术,特别是相关适用钻具开展了持续研究,但是关于适用于软弱夹层地层清水钻进取芯的钻具方面的研究还没有明显的突破。本书针对软弱夹层的工程地质特征以及钻进取芯特征,以黄河古贤水利枢纽工程勘察实例为研究背景,以特定类型的重塑软弱夹层地层以及现场真实软弱夹层地层钻进取芯为研究对象,利用理论分析、机械设计、Fluent 流体数值模拟仿真求解软件、室内试验、现场试验等相结合的研究方法,从软弱夹层地层钻探取芯特点、软弱夹层清水钻探取芯钻具整体结构设计与关键结构优化、软弱夹层清水钻进 PDC 取芯钻头孔底流场 3D 数值模拟仿真优化、软弱夹层取芯钻具钻进取芯效果试验(包括室内清水钻进取芯功能试验和现场工程应用试验)等 4 个主要方面开展系统研究,主要研究内容如下:

(1)软弱夹层地层钻探取芯特点分析。

通过研究分析影响岩芯采取品质的因素,包括地质因素和人为因素,其中人为因素包括钻具、钻进规程、钻探操作人员技术水平、冲洗液类型、岩芯直径等,揭示影响岩芯采取质量的关键因素。通过研究分析软弱夹层地层的工程地质特征及钻进取芯特征,揭示软弱夹层地层钻进取芯钻具需求及钻进取芯难点。通过研究分析软弱夹层地层钻进取芯难点,梳理原因,为适用钻具优化设计提供目标导向。

(2)软弱夹层清水钻探取芯钻具整体结构设计与关键结构优化。

针对软弱夹层地层钻探取芯对钻具的特殊需求,基于机械设计理论、流体力学理论以及现有钻具的基本结构,明确钻具功能需求与规格,对满足特殊需求的钻具关键结构开展优化设计,如单动机构、内管机构、沉砂机构、防振机构、防冲钻头以及其他机构等,使钻具满足防振、防对磨、防冲蚀等功能,形成一款适用软弱夹层地层清水钻进取芯用的钻具。

(3)软弱夹层清水钻进PDC取芯钻头孔底流场3D数值模拟仿真优化。

基于Pro/Engineer三维建模技术与Fluent流体仿真计算技术,计算求解钻进工况下不同水口结构的PDC取芯钻头孔底流场状态、不同冲洗液流量下特定水口结构钻头孔底的流场状态,获取水口结构对孔底钻头流场分布状态的影响规律、对孔底钻头内部岩芯表面流速的影响规律、冲洗液流量对特定水口钻头钻取岩芯表面流速的影响规律。

搭建室内软弱夹层岩芯冲蚀试验平台,通过开展软弱夹层岩芯冲洗液冲蚀临界流速阈值范围试验,获取软弱夹层岩芯冲洗液冲蚀流域阈值范围,结合数值模拟结果,判定适用于软弱夹层地层取芯的钻头水口类型,给出适用于软弱夹层地层钻进取芯的关键钻进规程参数——泵量的理论数值范围。

(4)软弱夹层取芯钻具钻进取芯效果试验。

按照土工试验规程采用古贤水利枢纽坝址区域采集的软弱夹层散状样制作室内软弱夹层地层,搭建室内软弱夹层清水钻进取芯试验平台。采用自主设计的软弱夹层取芯钻具配合不同水口结构的取芯钻头开展钻进取芯试验研究,检验不同水口结构钻头的实际取芯效果、冲洗液流量对特定水口结构的PDC取芯钻头取芯效果的影响、特定水口结构PDC取芯钻头在不同地层倾角软弱夹层地层钻进取芯效果。从试验角度验证本书设计的钻具和钻头是否满足功能设计要求,验证数值模拟结果的正确性,并确定适用于现场取芯用的钻具。

基岩软弱夹层清水钻进高品质取芯技术工程应用试验研究以黄河古贤水利枢纽工程坝址区域勘察项目为依托,开展钻进取芯试验研究,通过对现场取芯效果分析,形成与钻具配合使用的钻进规程和钻进工艺。

1.3.2 技术路线

本书在研究过程中采用的方法包括理论分析、数值模拟、室内试验、现场试验。如图1-18所示为本书的技术路线。本书的主要研究内容分五部分:①软弱夹层地层钻探取芯特点分析(第2章);②软弱夹层清水钻进取芯钻具整体结构设计与关键结构优化(第3章);③软弱夹层清水钻进PDC取芯钻头孔底流场3D数值模拟仿真优化研究(第4章);④软弱夹层取芯钻具钻进取芯功能试验研究(第5章),包括软弱夹层取芯钻具清水钻进取芯功能试验研究;⑤软弱夹层高品质取芯技术工程应用试验研究(第6章)。

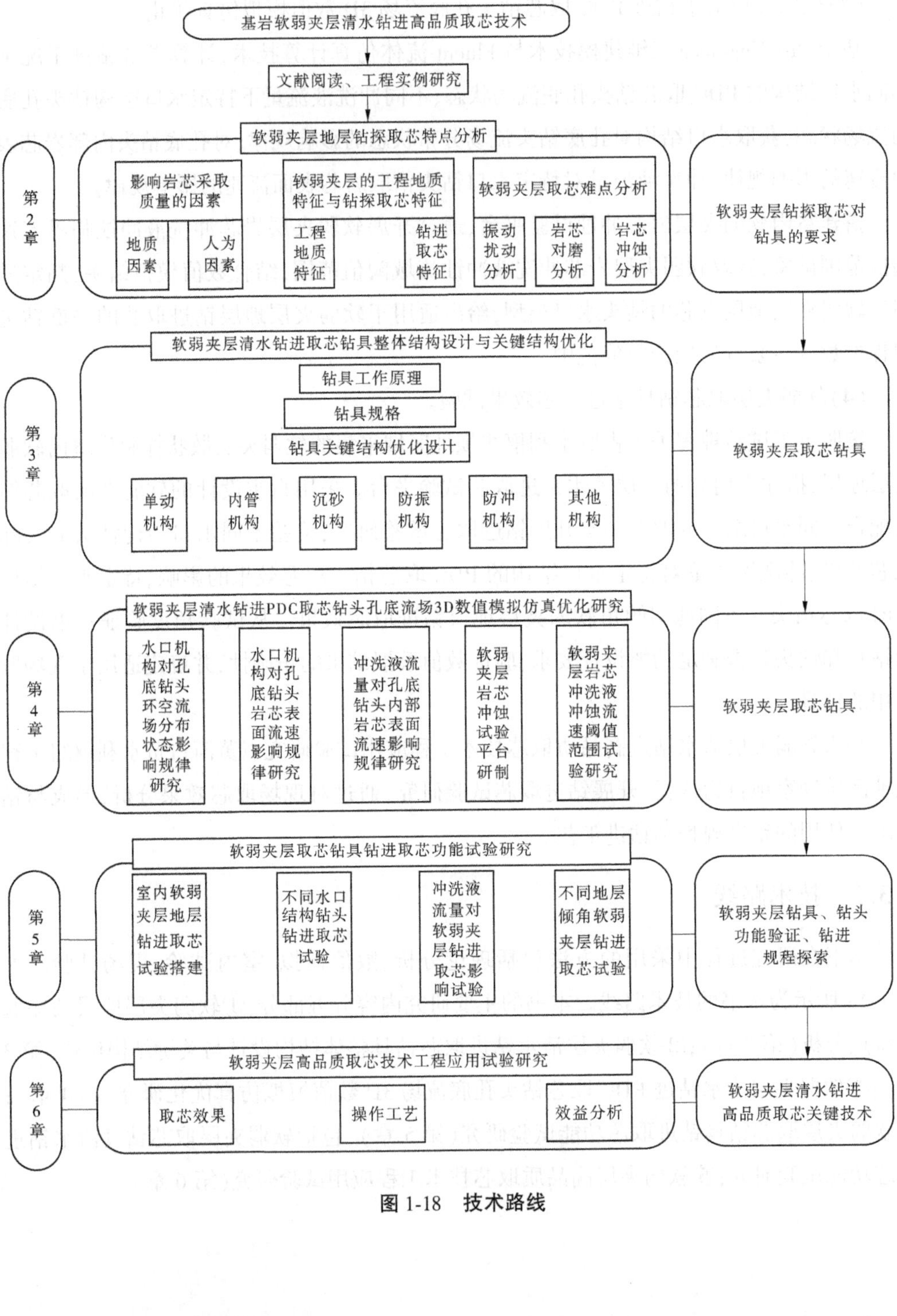
基岩软弱夹层清水钻进高品质取芯技术
文献阅读、工程实例研究
软弱夹层地层钻探取芯特点分析
第2章
影响岩芯采取质量的因素
地质因素
人为因素
软弱夹层的工程地质特征与钻探取芯特征
工程地质特征
钻进取芯特征
软弱夹层取芯难点分析
振动扰动分析
岩芯对磨分析
岩芯冲蚀分析
软弱夹层钻探取芯对钻具的要求
软弱夹层清水钻进取芯钻具整体结构设计与关键结构优化
第3章
钻具工作原理
钻具规格
钻具关键结构优化设计
单动机构
内管机构
沉砂机构
防振机构
防冲机构
其他机构
软弱夹层取芯钻具
软弱夹层清水钻进PDC取芯钻头孔底流场3D数值模拟仿真优化研究
第4章
水口机构对孔底钻头环空流场分布状态影响规律研究
水口机构对孔底钻头岩芯表面流速影响规律研究
冲洗液流量对孔底钻头内部岩芯表面流速影响规律研究
软弱夹层岩芯冲蚀试验平台研制
软弱夹层岩芯冲洗液冲蚀流速阈值范围试验研究
软弱夹层取芯钻具
软弱夹层取芯钻具钻进取芯功能试验研究
第5章
室内软弱夹层地层钻进取芯试验搭建
不同水口结构钻头钻进取芯试验
冲洗液流量对软弱夹层钻进取芯影响试验
不同地层倾角软弱夹层钻进取芯试验
软弱夹层钻具、钻头功能验证、钻进规程探索
软弱夹层高品质取芯技术工程应用试验研究
第6章
取芯效果
操作工艺
效益分析
软弱夹层清水钻进高品质取芯关键技术

图 1-18　技术路线

第2章　软弱夹层地层钻探取芯特点分析

本章首先梳理分析了钻探领域影响岩芯采取品质的因素,包括地质因素和人为因素,其中人为因素包括钻具、钻进规程、冲洗液类型、岩芯直径、钻探操作人员技术水平等,明确了影响钻进取芯品质的首要因素——钻具。其次分析了软弱夹层地层的工程地质特征以及取芯钻进特征,揭示了软弱夹层地层怕振动、怕冲蚀、怕岩芯对磨的三大独特钻进取芯特征。最后围绕软弱夹层取芯技术难题进行了详细阐述,系统分析了软弱夹层地层钻进取芯过程中振动扰动原因、钻进冲蚀原因以及岩芯对磨原因,为后续开展软弱夹层地层取芯钻具整体结构设计与关键结构优化提供明确导向。

2.1　影响岩芯采取品质的因素

岩芯的采取品质,直接影响着工程勘察过程的准确性和可靠性,在包含软弱夹层在内的难取芯地层取芯时,主要的技术难题就是岩芯品质差。但是影响岩芯采取品质的因素是多方面的,且极为复杂。总结归纳起来可以划分为地质因素和人为因素两方面,其中人为因素中包含的钻具、钻进规程、岩芯直径、冲洗液类型、钻探操作人员技术水平等都对岩芯采取品质有着很大的影响,钻具的性能是提高岩芯采取品质的前提条件,在此基础上选择合适的钻进工艺参数,配合钻探人员提高操作水平才能获得理想的取芯效果。

2.1.1　影响岩芯采取品质的地质因素

影响岩芯采取品质的地质因素主要包括强度、裂隙性、矿物组成的均匀性、各向异性、层理、片理、软硬互层、产状条件以及层面与钻孔轴线的交角等。对岩芯采取率影响最大的是岩石强度、层面与钻孔斜交和裂隙性。若岩石强度高、硬度大、结构均匀致密、构造完整,钻进中不怕冲刷、不怕振动,则易于得到完整性好和代表性强的岩矿芯。如果岩矿层松散、软弱、破碎、胶结不良、软硬交替、裂隙多、节理片理发育,钻进时怕冲刷、怕振动、怕磨损、怕污染,岩芯呈块状、粒状、粉状,则难以保证采取率和品质,有时甚至取不到岩芯。

2.1.2　影响岩芯采取品质的人为因素

人为因素包含钻具、钻进规程、冲洗液类型、岩芯直径、钻探操作人员技术水平等。

2.1.2.1　钻具对岩芯采取品质的影响

钻具是钻探工程施工的主要物质基础,是采用各种钻进方法、工艺技术以及提高工程质量效率的首要条件。在钻探领域中,大致将常见的钻探取芯地层划分为 7 类,并做了相应钻具推荐以达到提升取芯品质、保证钻探顺利施工的目的。

(1)对于完整、致密、少裂隙的岩层,一般推荐使用单层岩芯管取芯钻具即可。这类岩矿层可钻性为 4~12 级。钻进时经得起振动,不易断裂破碎,耐磨性强,不怕冲刷,取芯容易,采取率高,取出的岩芯完整,代表性强。

(2)对于节理、片理、裂隙发育,硬或中硬,性脆易碎的岩层,一般推荐采用单动双管钻具。这类岩矿层可钻性为 4~9 级。钻进时若受钻具回转振动和冲洗液冲刷影响,则易破坏成碎块和细粒,相互磨损,导致岩芯破碎流失。采集较完整的岩芯困难,卡取也不容易。

(3)对于软硬不均、夹层多、性质不稳定的岩层,一般推荐单动双管或双动双管钻具。这类岩层如薄煤层、氧化矿等。围岩与矿层、岩层与岩层之间可钻性级别悬殊。钻进中很易破碎和磨损,软弱部分黏结性差,怕冲刷,煤层还怕烧灼变质。

(4)对于软、松散、破碎、胶结性差的岩层,一般推荐使用带半合管的单动双管取芯。这类岩层可钻性为1~4级。松散易塌,胶结不良,钻进中易被冲蚀,岩芯呈细粒、粉末状,也易烧灼变质。

(5)对于易被冲洗液溶蚀和溶化的岩层,一般采用特殊冲洗液配合特制钻具取芯,这类岩层如岩盐、冻土等,可钻性为2~4级。由于其可溶性,岩芯常溶蚀成蜂窝状或完全解体,取不上岩芯。

(6)对于怕污染的岩层,一般推荐采用清水作为冲洗液配合活塞式单动双管钻具取芯,地层完整时可用清水作冲洗液,在缺水地区也可用空气洗孔钻进。这类岩层如滑石、石墨矿等,钻进时岩屑或泥浆中的黏土颗粒混入矿芯,会改变矿石的品位和成分。

(7)对于淤泥和流砂类岩层,用一般取芯工具很难取上岩芯,要采用活阀式的取样器或特殊钻具。

2.1.2.2 钻进规程对岩芯采取品质的影响

钻进规程包含钻压、转速及泵量三个参数。

首先就钻压而言,钻压过大容易造成取芯工具如岩芯管失稳而发生弯曲与振动,使岩芯受扰,原状性遭到破坏,增大了岩芯进入岩芯管的难度,容易发生堵芯,降低回次进尺;而若钻压过低则会降低工作钻进效率,增加回次时间,延长岩芯在孔底岩芯管内受破坏的作用时间。

其次转速也是影响岩芯采取品质的一个重要因素。转速过高时会使钻头在孔底的振动幅度增大,会导致岩芯直径因被磨蚀而减小,转速过低则会降低钻进效率,延长岩芯受磨蚀的时间,同样不利于取芯。

最后一个因素是泵量。冲洗液流量太小会减弱冲洗液挟带岩屑与冷却钻头的能力,岩粉堆积在孔底,会造成岩屑包括岩芯、重复破碎岩粉带来的机械钻速降低、钻头微烧或烧钻事故;冲洗液量过大,环状间隙较小,冲洗液流动阻力大,会抵消钻压、冲刷岩芯和孔壁。

2.1.2.3 冲洗液类型对岩芯采取品质的影响

在钻探取芯中,要保证钻进过程安全、优质、高速,正确地选择、使用冲洗液起着十分重要的作用。通常情况下,冲洗液的主要作用有:冷却钻头切削刃,保证钻进速度,提高钻头使用寿命;挟带孔底岩屑,保证孔底清洁,防止钻头泥包;润滑钻具,减弱钻具振动;形成泥皮,保护岩芯成柱,防止孔壁坍塌、掉块;辅助破岩,输送岩芯等。因此,冲洗液被称为钻进过程中的"血液"。如果在岩芯钻探中没有选择合适的冲洗液,就会给取芯作业带来很大的困难。

水利工程勘察领域钻探施工的行业特点是一般仅允许清水作为冲洗液。在软弱易冲蚀地层,一方面因为清水密度较大,其护孔效果差,对孔壁的冲击作用很大,容易导致孔壁坍塌;另一方面,当清水渗入岩芯内部时,降低岩芯的胶结作用及强度,导致岩芯膨胀,易发生堵芯等。

2.1.2.4　岩芯直径对岩芯采取品质的影响

岩芯直径的大小对岩芯采取品质有一定的影响，当岩芯的许用强度一定时，岩芯柱承压能力与岩芯横截面面积成正比。岩芯柱的直径越大，其承压能力越强。这种强承压能力对于岩芯采取来说具有双面性，一方面如果岩芯承压能力强，则岩芯柱不容易断裂，岩芯进入内管不受阻力，不会发生堵芯，可以取得更长的岩芯；另一方面岩芯直径如果过大，会给岩芯卡取带来困难，对于坚硬的完整岩芯，在完成进尺准备提钻时就很难卡断岩芯，有时把卡簧从卡簧座中拉脱也无法卡断岩芯，而对于松散的岩芯来说，岩芯直径越大，松散的岩芯越容易从卡簧中掉落。所以说，岩芯直径的大小要根据岩芯的物理性质及取芯工具的卡芯、护芯能力来选择，在保证卡芯、护芯机构能卡住岩芯的前提下应尽可能地选择较大的取芯直径。

2.1.2.5　钻探操作人员技术水平对岩芯采取品质的影响

在整个钻探取芯过程中，钻探施工人员的操作技术水平也是影响岩芯采取品质的重要因素，因此要提高岩芯采取品质，就必须让钻探人员熟练掌握取芯操作技术。通常，在软弱夹层地层取芯过程中应注意的操作事项如下：

（1）下钻时要做到操作平稳，防止钻具剧烈振动。当钻具距离孔底大概 20 cm 时，开动钻机和水泵，轻压慢转扫孔，清除孔底掉块，防止钻头通过掉块磨蚀软弱夹层。

（2）钻进取芯过程中钻压要均匀，在保证泥浆能将岩屑挟带至地表的前提下，泥浆泵的泵量调至最小，防止岩芯被冲蚀。随时观察泥浆泵的压力变化情况，若泵压升高，一般情况下可能是钻压过大，钻头水眼被堵塞，如调整钻压后仍不能排除泵压升高，应立即割芯起钻。如果泥浆泵压力逐渐升高，无进尺且机械钻速变化不大，一般是软弱夹层在半合管内堵塞，下部软弱夹层进入半合管，应立即割芯提钻。钻进过程中要合理选择回次进尺，回次进尺不宜太长。

（3）完整的岩层断芯比较容易。当遇到软弱夹层时，断芯前应留意钻压、机械钻速等钻进参数，软弱夹层为软硬交互结构。当钻遇软层时，钻进参数会有变化，一般表现为钻压突然降低、机械钻速突然增加，这种钻进工况下不宜提钻断芯，易造成泥化岩芯破坏损失；当钻遇硬层时，钻进参数一般表现平稳，易在此时提钻断芯。

（4）提钻过程中，随着钻具的提升，孔内的水位逐渐下降，钻杆内外会产生一定的静水压力，其造成的抽吸作用很容易使岩芯掉落，岩芯受到冲洗液压差产生的退芯作用相当于活塞效应，对于成柱性差的岩芯，经常会因为这种提钻时的抽吸作用而导致丢芯。为了防止这种抽吸作用，通常从以下几个方面进行改善：

①在取芯工具内设置单向阀，提钻时因为单向阀的密封作用，使静水压力产生的抽吸作用只能抽取取芯工具内外管之间的冲洗液，而岩芯受到的作用力很小。

②适当加大钻头水眼，提钻时内外管间的液体可以快速流出，降低液位差，减小抽吸作用。

③要重视取芯后的起钻操作，提钻必须缓慢，这样可以减小抽吸力。

④防止冲洗液回灌。在提钻过程中不断向钻孔内注入冲洗液，保持岩芯管内的静水压力和外管与孔壁间环状间隙处的静水压力平衡。

2.2 软弱夹层的工程地质特征与取芯钻进特征

2.2.1 软弱夹层的工程地质特征

软弱夹层在不同地质年代的三大岩类中均有分布,具有结构松散、性质软弱、水理性质不良和强度低等特性,常成为控制岩体稳定性的关键因素。此外,软弱夹层很薄,软弱夹层的厚度一般为0.1~20 cm,最常见的为0.5~3 cm。常规调查方法难以查明软弱夹层的分布情况和性质,甚至会忽略软弱夹层的存在,给工程建设造成许多危害。

软弱夹层是岩层中原有的薄层含泥质岩层经构造层间错动破碎后,在地下水长期物理化学作用下形成的结构疏松、粒间连接软弱且完全泥化的夹层。其形成模式主要有3种:第1种是软弱夹层在构造作用和地下水的长期作用下泥化形成的,是最为普遍的形式;第2种是软弱夹层在风化作用下形成的;第3种是软弱夹层在动力变质作用下形成的。

在软弱夹层分类方面,根据粒度成分可划分为4类:黏泥型、泥夹碎屑、碎屑夹泥-碎屑型、泥夹粉砂或粉砂夹泥,也有将其划分为3类:全泥型、泥夹碎屑型和碎屑夹泥。根据软弱夹层的结构特征可将其划分为全泥型、泥夹碎屑型、泥膜型、碎屑夹泥型和碎屑型。根据岩性可划分为黏土岩软弱夹层、粉砂质黏土岩软弱夹层和泥质粉砂岩软弱夹层。

在软弱夹层的分布规律方面,软弱夹层多产生于软弱岩层的顶面和底面上,软弱夹层的平面分布随所处构造部分而异,软弱夹层垂向分布在层间挤压破碎带上、下。

在结构和构造方面,有的学者将其划分为单层构造、双层构造、三层构造和多层构造,也有学者将其划分为结理带、劈理带、泥化错动带,或是将其划分为泥化带、类泥化带、片理带,或是将其划分为节理带、泥化带(劈理揉褶带、泥化带、泥化面),也有将其划分为鳞片带泥带、破碎风化岩夹泥、完整岩体夹泥。

软弱夹层的矿物成分与其成因类型及原岩密切相关,其中砂岩、泥岩、页岩类软弱夹层的矿物主要由蒙脱石、高岭石、绿泥石、石英、方解石、长石等矿物成分组成。碳酸盐岩、泥灰岩及页岩类软弱夹层的矿物成分与原岩相差不大,但是碳酸盐含量较高,达9.88%~28.06%。碳酸盐可以将黏土颗粒微集聚体胶结在一起使分散度降低,泥化过程中物理化学活性的恢复较为困难,颗粒微集聚体表面形成结合水膜较薄,物理化学连接较强,这类软弱夹层强度较高。石英岩、板岩类软弱夹层的矿物成分与原岩相差较大,这类软弱夹层的黏土矿物是由原岩中硅酸盐类矿物蚀变而成的。原因是黏土矿物的类型和组成一方面取决于原岩中硅酸盐矿物的类型,另一方面取决于矿物风化蚀变的环境。火山熔岩及凝灰岩类软弱夹层的矿物成分主要取决于凝灰岩中火山玻璃、岩屑、晶屑的成分及后期的蚀变物理化学环境。综上所述,软弱夹层黏土矿物成分取决于其成因类型、原岩成分及次生环境。工程中常见的各类软弱夹层,以伊利石为主的软弱夹层占多数。

软弱夹层的力学性质同时受软层本身(与其物质组成关系极为密切,尤其是粒度成分对强度影响更为显著)及岩壁的影响,并取决于软层和岩壁的组构效应。

2.2.2　软弱夹层地层取芯钻进特征

软弱夹层的物质组成、颗分曲线特征以及独特的两个坚硬厚层中夹极薄软层的地质构造特点决定了其在取芯钻进过程中所具有的独特钻进特性，主要表现如下：

（1）怕钻具振动。由于软弱夹层夹泥部分结构松散，胶结性弱，使得软弱夹层在钻进取芯过程中怕扰动，常规钻具在孔内高速旋转过程中基本都偏离钻孔中轴线旋转，难免发生振动，特别是孔底钻具的周期性振动会破坏软弱夹层的原状胶结结构，造成取芯失败。

（2）怕岩芯对磨。软弱夹层比较薄，尤其是水浸泡后抗扭能力更弱，钻进过程中若钻具单动性出现问题、堵卡芯或轴向间隙过小，岩芯易发生对磨，造成取芯失败。

（3）怕冲洗液冲蚀。软弱夹层水敏性强，遇水易膨胀，容易遭受冲洗液冲蚀而导致取芯失败。

从以上取芯钻进特征中不难得出，软弱夹层取芯的主要技术难题可以概括为三点：软弱夹层岩芯怕钻具振动、怕岩芯对磨、怕冲洗液冲蚀。

2.3　软弱夹层取芯技术难点分析

2.3.1　软弱夹层取芯钻进振动扰动分析

在常规地层钻进取芯过程中，钻具和钻头的振动也是加剧岩芯破坏的重要因素，原因是在钻孔过程中，钻杆与孔壁、钻头与岩石之间的相互作用使钻具变形而产生复杂振动。钻孔内钻具和钻头振动主要有三种形式，即扭转振动、轴向振动和横向振动，反映到地面上表现为“粘卡”—“释放”、钻头跳动和偏转。

扭转振动的主要表现是“粘卡”—“释放”。当孔内钻具弯曲、偏离中心位置时，与孔壁间出现“粘卡”产生磨阻，从而导致孔内钻具旋转减缓甚至停止，使得钻柱的旋转能量在钻柱中逐渐积累，当积累的扭转力足够克服孔壁与钻具间的磨阻时，便产生“释放”现象，此时钻头和钻具下部组合以高速旋转释放能量，这种高速不稳定旋转会损害软弱夹层岩芯的结构完整性。

轴向振动在整个钻孔作业中都会存在，是钻头与孔底地层冲击而产生的，以两种形式出现：钻头接触孔底的垂直振动和钻头在孔底的弹跳。钻头跳动是由孔底钻柱的轴向振动而造成的钻头与地层瞬间脱离接触的现象。对轴向振动而言，岩性是一项重要因素，由于提高钻压，更容易产生巨大的轴向振动。钻头接触孔底的垂直振动和钻头在孔底的弹跳，也是损害软弱夹层岩芯的一个原因。

横向振动的主要表现是偏转，当钻头或钻具的任何部分偏离钻孔的中心线转动时，都会出现钻头或钻具的偏转。横向振动表现形式为大钩负荷出现高振幅、高频率的振动和扭矩振荡，这种横向振动对软弱夹层岩芯的完整性损害更大。

扭转振动、轴向振动和横向振动虽然各有不同，但又是相互联系的。对软弱夹层取芯而言，每一种振动后者都比前者要严重和更具破坏性。

2.3.2 软弱夹层取芯钻进冲蚀分析

软弱夹层胶结性差、强度低、水敏性强、成柱性差的特点导致软弱夹层岩芯很容易被冲洗液冲蚀掉,致使取芯失败。冲洗液冲蚀岩芯一般通过以下三种方式:

(1)取芯钻头的水口结构设计不合理,冲洗液在冷却钻头及挟带岩粉时会冲刷到孔底的软弱夹层,导致软弱夹层未进入岩芯管就被冲蚀。阶梯状底喷式钻头的出现改善了这种状况,超前钻可以提前钻入软弱夹层,保护岩芯不被冲洗液冲蚀。

(2)单动双管取芯工具的钻头与内管总成的连接处存在间隙,一小部分冲洗液会从钻头的内台阶处流过,对软弱夹层产生冲蚀,这种冲蚀对于质地比较硬的岩芯影响不大,但对于软弱夹层岩芯来说却很容易被冲蚀。应对这种冲蚀岩芯的方式时,应该尽量减小钻头与内管总成连接处的间隙,或者设计出更合理的隔液取芯钻头。

(3)在使用半合管取岩芯时,由于半合管的强度不够,软弱夹层遇水膨胀发生堵芯,使半合管胀裂开,冲洗液会通过半合管裂开的缝隙冲蚀软弱夹层岩芯。通过改善半合管的材质、提高半合管内壁光洁度,并采用更为合理的卡箍方式,可以减小软弱夹层堵塞概率,预防半合管胀裂软弱夹层被冲蚀,或设计三层管钻具结构解决上述问题。

2.3.3 软弱夹层取芯钻进对磨分析

岩芯对磨会严重降低岩芯采取品质,严重时甚至损坏取芯钻具及引起孔内事故。岩芯对磨也是造成软弱夹层地层钻进取芯品质降低的一个重要原因。软弱夹层钻进取芯过程中岩芯对磨的原因可划分为以下三类:

(1)堵芯、卡芯引起的岩芯对磨。

正常取芯时,取芯钻头会产生一定的波动扭矩,由于常规单动双管取芯工具岩芯筒上部采用轴承悬挂,下部无支撑,波动扭矩势必会降低岩芯筒稳定性,使岩芯筒中破碎岩芯失稳,碎岩芯容易塞入岩芯柱和岩芯筒内壁之间,增大岩芯进筒阻力。在取芯钻进过程中,钻具的晃动加速了碎岩芯的塞入,当堵塞阻力大于岩芯柱的抗压力时,岩芯破碎,不能继续进入岩芯筒,形成堵芯;高钻压易导致岩芯筒弯曲,岩芯筒弯曲后,将导致岩芯柱的弯曲,扭曲的岩芯将使岩芯入筒困难并易堵芯。堵芯的严重程度取决于岩石的破碎度和钻进参数的匹配度。受孔斜、钻压、转速等多方面因素的影响,岩芯筒难以居中,钻遇裂缝发育岩石,破碎岩芯进入岩芯筒困难,卡于岩芯爪处,岩芯进入岩芯筒的通道被堵塞,形成卡芯。

堵芯或卡芯发生后,都会造成进芯通道被堵塞,此时就有部分乃至全部钻压转换为岩芯筒与取芯钻头喉部处岩芯的摩擦力,当摩擦力大于岩芯筒和岩芯筒中岩芯重量之和时,必然促使岩芯筒上顶,但岩芯筒上行受到悬挂轴承下端面限制,摩擦力就会直接作用在悬挂轴承上,使轴承运转不灵活,迫使岩芯筒跟随外管转动,让取芯钻头喉部处的岩芯与岩芯筒中的岩芯产生相互磨损,形成对磨,使岩芯资料丢失。

(2)钻具单动机构失灵引起的岩芯对磨。

取芯工具入孔前,未对悬挂轴承进行检查、清洗、保养,在取芯钻进时轴承运转不灵活,使岩芯筒跟随外管转动,引起岩芯对磨。

悬挂轴承允许少量冲洗液通过,用于冷却润滑轴承。清水作为冲洗液,其挟带岩粉的性能差,大量钻屑会在轴承中堆积,使轴承发卡,内外筒同时转动,引起岩芯对磨。另外,岩屑卡在内外管之间,也会引起内外筒同时转动,引起岩芯对磨。

(3)岩芯内管下端卡簧座与钻头内台阶间隙过小引起的岩芯对磨。

卡簧座与取芯钻头内台阶间隙调整过小,特别是施加钻压过大,外筒在高钻压作用下,压缩距增加,使处于内筒下端的卡簧座与取芯钻头内台阶接触,岩芯筒跟随外管转动。另外,在钻进过程中由于钻具的振动,卡簧座与岩芯筒的螺纹连接或插接方式会发生松动,导致卡簧座与钻头内台阶接触,也会导致钻具单动变双动,引起岩芯对磨。

取芯钻遇裂缝发育岩层,部分细小岩芯在卡簧座与钻头喉部间不能被冲洗液及时冲出钻头外,由于轴向间隙过小,细小岩芯会卡于间隙处,使外筒转动带动内筒转动,引起岩芯对磨。

2.4　本章小结

本章主要从理论分析的视角解析了影响岩芯采取品质的因素、软弱夹层的工程地质特征与取芯钻进特征以及软弱夹层取芯技术难题,得出的主要结论如下:

(1)钻具的性能是提高岩芯采取品质的前提条件。影响岩芯采取品质的因素有两类:一类是地质因素,另一类是人为因素。其中,人为因素包括钻具、钻进规程、冲洗液类型、岩芯直径、钻探操作人员技术水平等,但是钻具对取芯品质起着主导作用。

(2)软弱夹层结构松散、强度弱、易冲蚀以及呈两个坚硬厚度层中夹极薄软层的模式决定其在钻进取芯过程中具有怕振动扰动、怕岩芯对磨、怕冲洗液冲蚀的钻进取芯特征。

(3)通过分析软弱夹层钻进振动扰动因素、岩芯冲蚀因素、岩芯对磨因素可知,通过提升钻具性能可降低振动、冲蚀、对磨对软弱夹层地层取芯的影响,有效提高软弱夹层地层的取芯品质。

2.4 本章小结

第 3 章　软弱夹层清水钻进取芯钻具整体结构设计与关键结构优化

影响清水钻进软弱夹层取芯品质的因素有很多,例如取芯工具、钻进方法、钻进规程、操作人员技术水平等都对取芯品质有着很大的影响,但是取芯工具对取芯品质起着主导作用。在地矿、工程勘察等领域,单动双管、三层管钻具已被广泛使用,这些钻具使得岩芯的采取率、完整度、纯洁性和代表性有了很大的提高和完善。但对于软弱夹层、软弱易蚀等复杂地层,常规钻具仍难以达到高品质的取芯要求。

本章在常规单动双管钻具(半合管)及三层管钻具的基础上,研究分析软弱夹层钻进取芯过程中对钻具的特殊需求(防振、防对磨、防冲蚀),对软弱夹层取芯钻具关键结构开展优化设计,包括钻具单动机构、内管机构、沉砂机构、防振机构以及其他核心机构,设计研发专用防冲蚀双通道侧喷 PDC 取芯钻头,为基岩软弱夹层清水钻进高品质取芯技术提供工具支撑。

3.1　软弱夹层取芯钻具的设计思路

软弱夹层具有结构松散、性质软弱、水理性质不良和强度低等特性,同时具有独特的坚硬岩层夹极薄软层的构造模式,导致其有怕冲蚀、怕振动、怕对磨的钻进取芯特征。另外,针对水利工程勘察钻探领域常用清水作为冲洗液的特点可对取芯工具的结构做如下设计改动:

(1)为防止冲洗液对软弱夹层岩芯的冲蚀破坏,可在原有单动双层半合管钻具基础上进行改进,将原有的单动双管钻具半合式内管改为无缝管,在无缝管内部设置衬管,避免流经单动双管钻具外管与半合内管环状间隙的冲洗液透过半合管缝隙对软弱夹层产生冲蚀作用。

(2)为避免冲洗液冲蚀钻头前面或刚进入钻头体内的软弱夹层岩芯取芯,钻头采用超前双侧喷 PDC 取芯钻头。

(3)岩芯对磨也是软弱夹层地层取芯常见的问题之一。岩芯对磨通常是由于钻具的单动性不好引起的。造成钻具单动性差的原因主要有四类:第一类,钻具的单动机构设计存在缺陷;第二类,钻具防振措施不到位,在钻孔中运行不平稳,振动严重,造成钻具内管偏离轴心,降低单动性;第三类,清水作为冲洗液挟带岩粉能力有限,钻具的沉砂机构设置缺陷,导致岩屑卡在钻具内外管之间,造成单动性失灵;第四类,岩芯内管外表面及钻具外管内表面未做减阻处理,流经岩芯内管与钻具外管环状间隙的旋转冲洗液也会带动钻具内管转动。

(4)在软弱夹层地层钻进取芯时,因爪簧有易进不易出的特点,也有多个施工单位采用爪簧抓取岩芯。但是生产实践证明,爪簧容易磨损,且在软弱夹层地层取芯过程中对软弱夹层岩芯扰动严重,破坏软弱夹层的原状性,因此本套钻具采用卡簧卡取岩芯。

(5)为了使岩芯顺利进入内管和衬管,将内管和衬管内的液体在岩芯进入时及时排出,必须设置止逆阀。

3.2　软弱夹层取芯钻具的工作原理及规格参数

本套软弱夹层取芯钻具为单动三层管钻具，由敞口取粉管、钻杆接头、沉砂套管、四用接头、扩孔器和双通道侧喷 PDC 取芯钻头组成，四用接头具有上端内腔和下端内腔，上端内腔的底部开设有连通沉砂套管和外管的第一水眼，上端内腔中设置有第一单向阀，第一单向阀连接有位于沉砂套管内的过滤芯管，下端内腔中设置有单动副，单动副的另一端与带有第二水眼和第二单向阀的调节组件相连，调节组件的下端通过水力退芯接头与内管相连，内管中设置有衬管，内管的下端设置有与双通道侧喷 PDC 取芯钻头卡接相连的卡簧座。新型软弱夹层取芯钻具结构示意图如图 3-1 所示，实物图如图 3-2 所示。

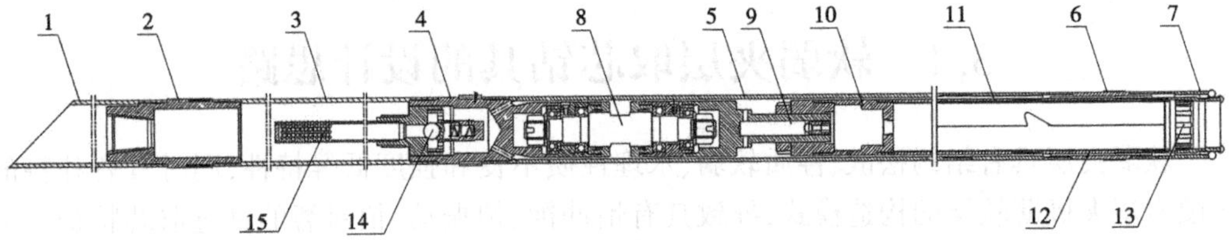

1—敞口取粉管；2—钻杆接头；3—沉砂套管；4—四用接头；5—外管；6—扩孔器；7—双通道侧喷 PDC 取芯钻头；8—单动副；9—调节组件；10—水力退芯接头；11—内管；12—衬管；13—卡簧座；14—第一单向阀；15—过滤芯管。

图 3-1　新型软弱夹层取芯钻具结构示意

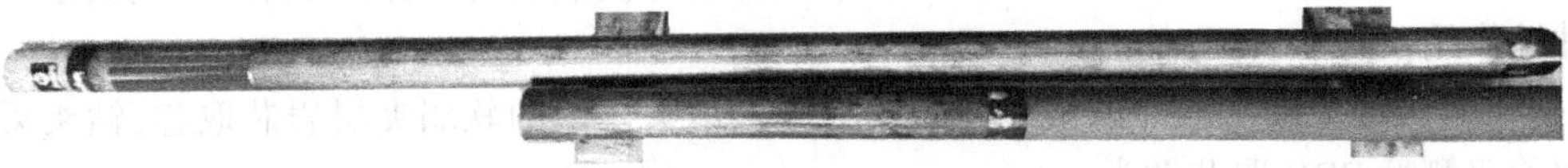

图 3-2　新型软弱夹层取芯钻具实物

工作原理：钻具在正常钻进时，钻头与外管随钻杆一起回转，内管、衬管不动，冲洗液通过水泵、水接头进入钻杆，通过钻杆接头到达沉砂套管除砂后，经四用接头、单动副与外管之间的环状间隙、内管与外管之间的环状间隙到达孔底的双通道侧喷 PDC 取芯钻头，经钻头双通道侧喷孔的强制分流后，沿钻具与孔壁之间的环状间隙、钻杆与孔壁的环状间隙返回地面。冲洗液经过双通道侧喷 PDC 取芯钻头的分流后，可避免冲洗液冲蚀钻头前方及钻头内部的软弱夹层岩芯，同时有效地清除钻头环空的岩屑、岩粉。

钻具的规格参数：钻具的规格是由所需岩芯直径决定的。通常根据其目的和用途提出对岩芯直径的要求。一般来说，岩芯直径越大越好。但岩芯直径小则钻具规格小，对于给定钻深能力的钻机来说，钻具规格小就意味着钻机重量轻、功率小，这对某些工况严格限制重量和功耗的钻机来说意义重大。因此，岩芯直径即钻具规格的选择原则应该是在满足要求的前提下尽可能的小。对于本套钻具，根据水利工程勘察领域常取岩芯的直径制定相关参数如下：

（1）钻孔直径：91 mm。

（2）岩芯样直径：60 mm。

(3)外管:外径 89 mm、内径 82 mm,API 钢级 N80。

(4)内管:外径 71 mm、内径 69.5 mm,GB 钢级 DZ50。

(5)衬管:外径 65.9 mm、内径 63.5 mm。

(6)岩芯容纳长度:1.5~2.0 m。

(7)软弱夹层岩样采取率:≥95%。

3.3　软弱夹层取芯钻具关键结构优化设计

初步探索出新型软弱夹层取芯钻具的基本组成结构和工作原理后,进一步确定本套取芯钻具的各个组成部分之间的连接方式。本套钻具的关键功能结构主要包括单动机构、内管机构、沉砂机构、防振机构、双通道侧喷 PDC 取芯钻头以及其他机构。

3.3.1　单动机构

如图 3-3 所示为水利工程勘察施工单位常用的单动双管钻具的单动机构,该机构由骨架油封、套筒、单向推力轴承、轴承套、平垫片、圆螺母组成。该单动机构结构简单、加工方便。

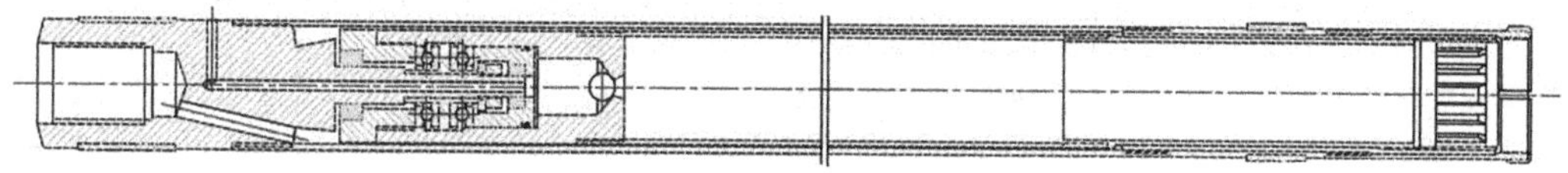

(a)单动双管钻具

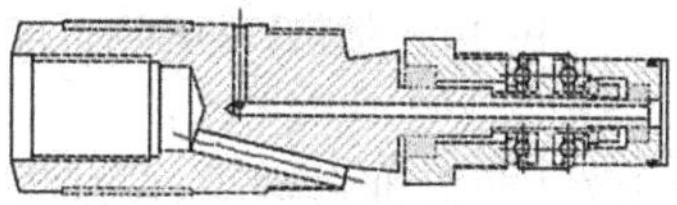

(b)单动副

图 3-3　单动双管钻具

存在问题:该类型单动机构采用上、下两副推力球轴承的组合模式,对芯轴定心效果较差,钻具在孔内高速旋转作用下,内管易偏心,单动性降低。同时,芯轴高速转动时,容易引起振动,易损坏轴和轴上的轴承。

改进优化之处:通过调研勘探领域现有钻具的单动结构方案(球-单盘推力球轴承式、单盘推力球轴承、双盘推力球轴承式的单动机构、推力球轴承+径向轴承、双级单动结构),决定软弱夹层的单动机构采用推力球轴承(见图 3-4)和深沟球轴承(见图 3-5)组合的方式(见图 3-6),弥补传统单动双管钻具单动机构仅采用推力球轴承产生的缺陷,即对芯轴定心不足的问题,从而提高单动钻具运转灵活性(推力球轴承+径向轴承的结构虽然结构上比前面几种复杂,但是由于这种结构既有轴向轴承,又有径向轴承,使得单动性能更为可靠,回转更平稳,内外管的同轴度更高,因此显著减少了内管的振动与摩擦,也能适应孔斜较大的钻孔取芯)。

图 3-4　推力球轴承

图 3-5　深沟球轴承

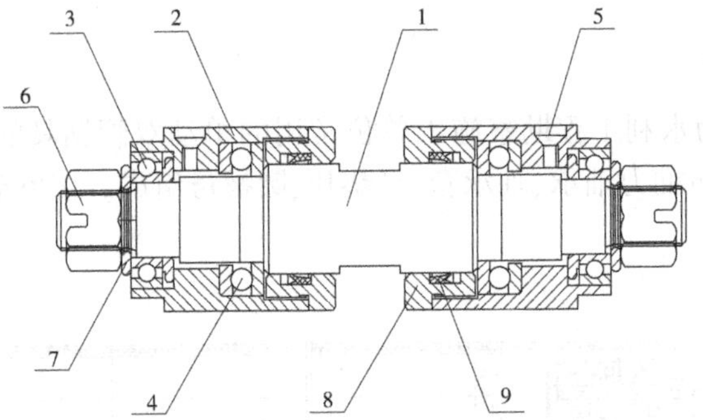

1—芯轴;2—套筒;3—滚动轴承;4—压力轴承;5—注油孔;6—螺母;7—垫片;8—端盖;9—油封。

图 3-6　优化后的单动机构

首先,优化后的单动机构设计两盘推力轴承、两盘滚动轴承实现单动性能,通过这四组轴承组成两个单动副能确保敞口岩芯管、沉砂管、外管、取芯钻头高速转动时,整个内管总成保持不动。同时,为了便于取芯工具的安装、拆卸,专门选择了两盘不同规格的推力轴承:53211U 及 53210U,这两盘轴承属于外调芯推力轴承,由于设置调芯球面座垫,所以这种轴承能自动调整,可以消除安装误差,补偿不同心度造成的误差,让轴承正常运转,保证取芯工具的单动性。

其次,优化后的单动机构对推力球轴承、深沟球轴承采用全密封的润滑方式。采用密封元件将推力球轴承、滚动轴承密封起来,隔离了冲洗液中岩屑对轴承的磨损以及对润滑脂的污染,让轴承在一个良好的工作环境中运转,能够延长轴承寿命,提高工作效率,降低因轴承发生故障不能正常运转而导致的单动三层管取芯工具变为双动三层管取芯工具的概率,减少软弱夹层岩芯对磨破坏的风险。

3.3.2　内管机构

如图 3-7 所示为水利工程勘察施工单位常用的 91 单动双管(半合管)钻具的内管机构,主要由接手、半合管接头、半合管(见图 3-8)、定中环、卡芯机构等构成。半合管材料一般为 DZ40/DZ50 无缝钢管,壁厚为 5 mm,规格外径为 74 mm、内径为 64 mm,长度一般为 1 500 mm。

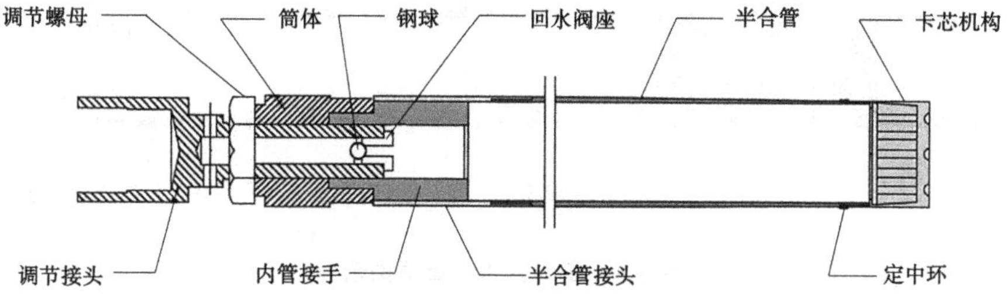

图 3-7　常用钻具岩芯内管机构

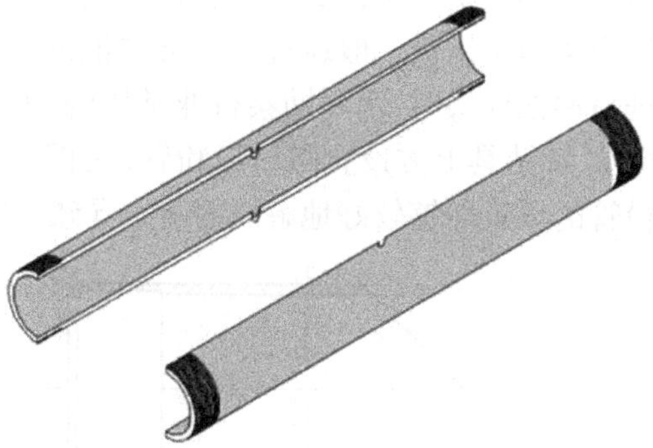

图 3-8　半合管

存在问题:内管主体由两个半合管构成,半合管拼接后易存在间隙,内管与外管环空间隙的冲洗液易通过间隙进入内管冲蚀岩芯,尤其是发生胀管时,冲蚀更甚。此外,半合管外表面以及外管内表面一般不做降低摩擦阻力处理,位于半合管与外管环状间隙的做旋转下移的冲洗液会促进内管转动,降低钻具的单动性。

优化改进之处:课题组将岩芯内管机构设计优化为双层结构(见图 3-9),即主体结构由内管和半合衬管组成,内管由 45MnMoB 材料构成(去应力退火态,内壁,内孔珩磨,提高内孔圆度和表面光滑度),半合衬管由不锈钢材料构成(材料 304 不锈钢薄板,厚度 1.5 mm,半片胎模压制,去应力成型,单根长度定尺 1.5 m 或 3 m,成对使用)。内管通过螺纹连接的方式连接在内管上,内管下端连接有内管接手,内管接手下部依次连接有定中环和卡芯机构,半合内管安装在内管内部,内管长度小于半合衬管长度。课题组设计的新岩芯内管机构可采用水压退芯和机械拆解退芯(将内管结构拆解掉,即可将半合衬管抽出,获取岩芯),可避免因半合管胀裂导致软弱夹层岩芯被冲蚀。

3.3.3　沉砂机构

水利勘察工程一般要求清水作为冲洗液,清水作为冲洗液有诸多缺点,其中一个缺点是挟带岩屑、岩粉能力较弱。冲洗液到达孔底后沿钻具外壁与钻孔内壁环状间隙上返过程中,由于遭遇变径(钻杆与钻孔壁的间隙远大于钻具与钻孔壁的间隙)导致的冲洗液流速降低,挟粉能力下降,大颗粒岩粉降落导致的卡钻,大量岩粉停留孔底引起的包裹钻头、

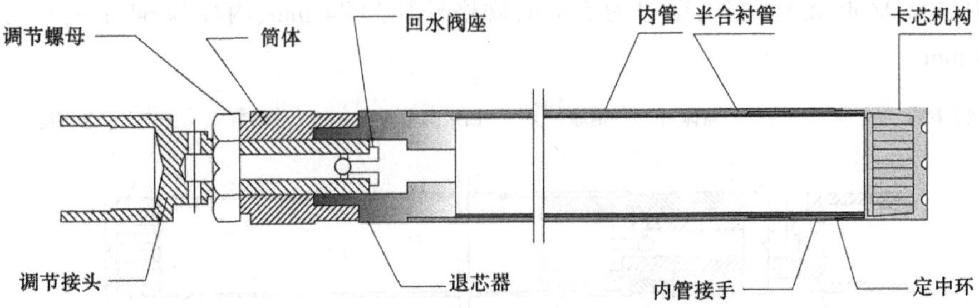

图 3-9　新型岩芯内管结构示意

包裹岩芯的问题。岩屑、岩粉不及时清理出钻孔会带来四种负面影响：一是在孔底重复破碎影响机械钻速；二是污染岩芯包裹钻头；三是易造成卡钻；四是影响钻具的单动性。在耐冲蚀地层钻进施工时，现场施工人员一般通过加大冲洗液的流量来增加冲洗液挟带岩屑、岩粉的能力。在钻进易冲蚀地层时，水利勘察行业常用的《水利水电工程钻探工具图册》推荐的做法是在单动双管钻具上方设置敞口岩粉管（见图 3-10），敞口岩粉管安装在钻具的最上方，敞口岩粉管的设置能够较好地解决因清水导致岩粉沉淀过多的问题。

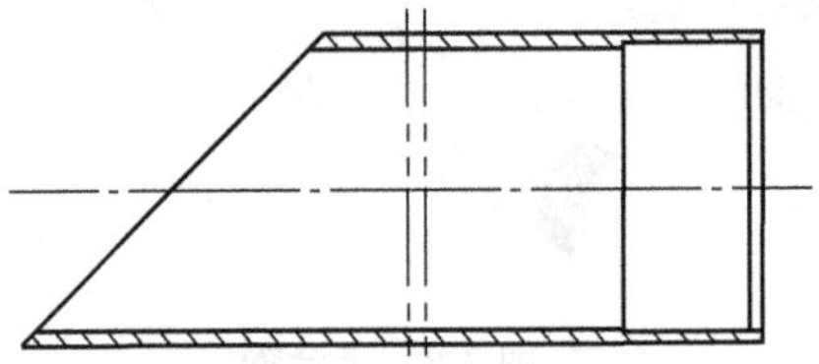

图 3-10　敞口岩粉管

存在问题：在实际的生产项目中，钻探现场施工环境恶劣，冲洗液一般通过泥浆泵、胶管、钻杆水龙头、钻杆到达孔底，再沿着钻具与孔壁的环状间隙、钻杆与钻孔内壁的环状间隙返回地面泥浆池，完成一个循环。但是在冲洗液通过泥浆泵、胶管、钻杆水龙头、钻杆到达孔底时往往挟带部分岩粉、岩屑。这些岩粉、岩屑易卡在钻具内外管之间影响钻具的单动性，造成岩芯磨损。同时，这些岩粉、岩屑也会对岩芯清洁、钻头清洁、机械钻速产生负面影响。

优化改进之处：针对工程实践中存在的问题，并借鉴其他行业钻具的机构，将软弱夹层取芯钻具的沉砂机构设计优化为沉砂套管与敞口取粉管组合的形式（见图 3-11），分别安装在钻头接头的上、下两端。沉砂套管利用旋流除砂和过滤芯管的过滤作用能有效地将通过泥浆泵、胶管、钻杆水龙头、钻杆进入钻具冲洗液中的岩粉、岩屑去除掉，解决因输入钻孔内的冲洗液挟带岩粉、岩屑带来的一系列问题。

3.3.4　防振机构

水利工程勘察钻探施工通常选用的是孔口动力钻机，在钻进施工过程中，钻杆、钻具均处于高速旋转状态，钻孔超过一定深度后，所需钻杆的根数也会随之增加，连接的钻杆超过一定长度时会发生柔性变形，在钻孔内部发生自转与公转运动，是引起孔内钻具发生

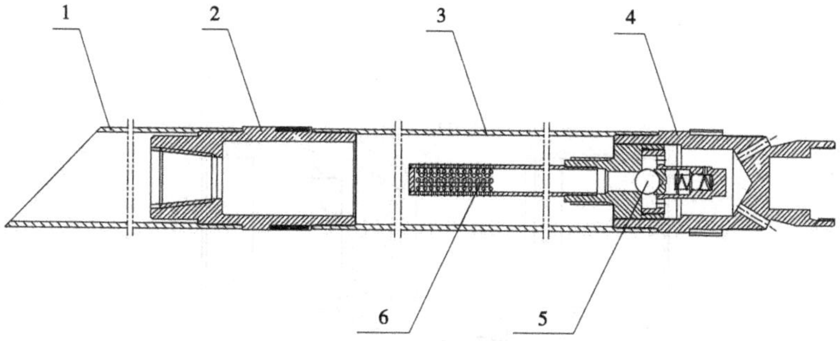

1—敞口取粉管;2—钻杆接头;3—沉砂套管;4—四用接头;5—第一单向阀;6—过滤芯管。

图 3-11　新型沉砂机构

振动的最主要因素。振动会降低钻具单动性,也会破坏进入岩芯的原状性。水利工程勘察钻探施工常用的钻具很少设置防振机构。水利工程勘察钻探施工常规钻具孔内钻进状态示意图如图 3-12 所示。

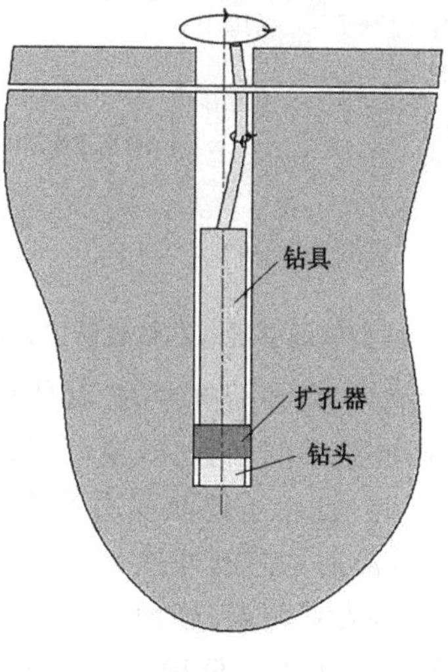

图 3-12　常规钻具孔内钻进状态

优化改进之处:针对常规钻具存在的问题,在软弱夹层取芯钻具的设计过程中对钻具的防振性能进行了设计。主要手段是保留常规钻具常有的扩孔器结构,在钻具上方设计扩孔四用接手(见图 3-13),配合超前双通道侧喷 PDC 取芯钻头(钻头结构见 3.3.5 部分)使用,改变常规钻具在孔底的单点受力结构,变为扩孔四用接手-扩孔器-双通道侧喷 PDC 取芯钻头三点受力结构,显著地增加了软弱夹层取芯钻具在孔底的稳定性。另外,钻头设计成阶梯式前后导向破岩结构,本身也有防振作用。软弱夹层取芯钻具防振设计示意图如图 3-14 所示。

3.3.5　双通道侧喷 PDC 取芯钻头

软弱夹层等难取芯地层取芯率低下的另一重要原因在于冲洗液在钻孔底部对岩芯进

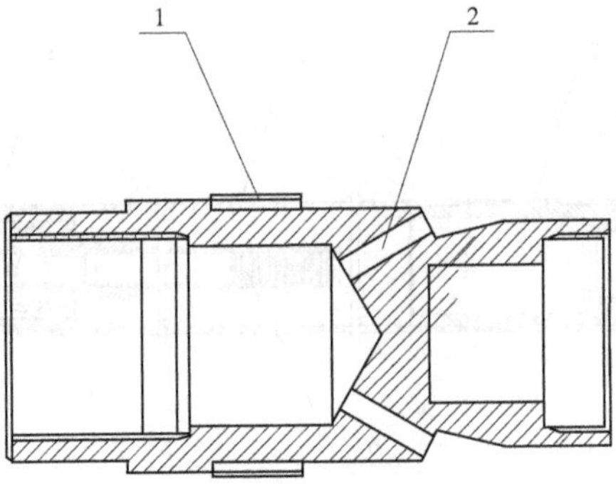

1—扩孔硬质合金条;2—水眼。

图 3-13　扩孔四用接手

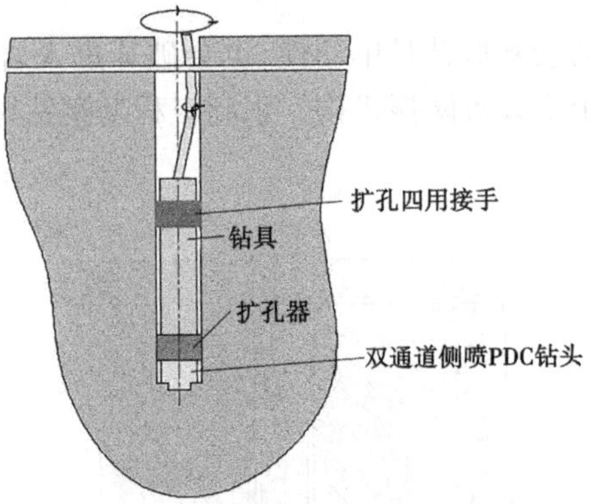

图 3-14　新型软弱夹层取芯钻具防振设计示意

行的冲蚀破坏。冲洗液在钻进过程中是必不可少的,其作用主要有三种:冷却钻头、挟带岩粉、维护孔壁。因此,必须权衡冲洗液的利弊,既要利用冲洗液排屑、冷却钻头,又要避免冲洗液对岩芯造成冲蚀。基于此,设计了超前双通道侧喷 PDC 钻头,改变了钻孔底部冲洗液的流向,减少或避免了冲洗液对岩芯的冲蚀。

由于软弱夹层具有软硬交互的发育特点,硬地层的硬度并不高,研磨性较高,因此采用 PDC 取芯钻头,既适用地层钻进又造价低廉。超前双通道侧喷 PDC 取芯钻头(见图 3-15)是一种阶梯状的取芯钻头,由两部分构成。第一部分:钻头阶梯型钢体部分,采用钢材质。它是将常规的钻头分为两个唇面,在后唇面上设置 4 mm 孔径的斜向水眼,使得冲洗液从内外管环状间隙斜向外流,减少对岩芯的冲蚀作用。在前唇面侧壁设置 4 mm 孔径的 L 形水眼,弥补前唇面环空冲洗液流量不足不能及时有效地挟带岩粉的问题。第二部分:金刚石 PDC 复合片,可在两个唇面上各设置 3 个或 6 个,PDC 复合片内外出刃 1 mm,底部出刃 3 mm。再通过机加工、热配合以及焊接等处理工艺制成超前双通道侧喷 PDC 取芯钻头。超前双通道侧喷 PDC 取芯钻头的 PDC 镶焊规格见表 3-1。超前双通道侧喷 PDC 取芯钻头实物见图 3-16。

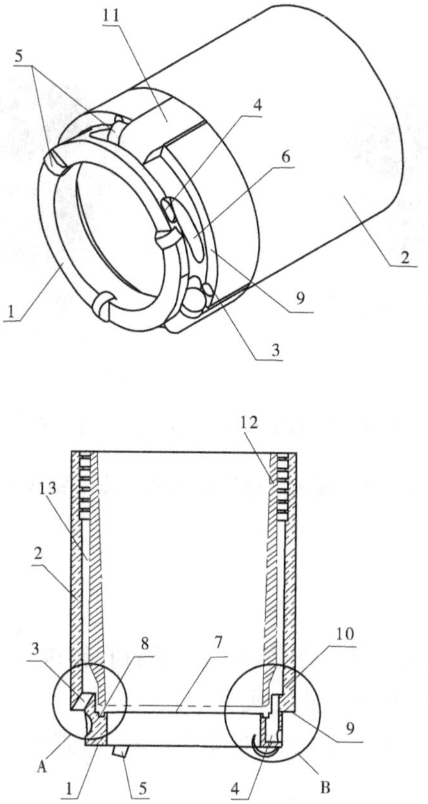

1—超前钻头;2—后钻头;3—第一侧喷孔(斜向水眼);4—第二侧喷孔(L 形水眼);5—PDC 切削齿;6—螺旋导槽;7—第一台阶;8—环形缓冲凹槽;9—第二台阶;10—第三台阶;11—安装凸起;12—卡簧座;13—冲洗液流道。

图 3-15　超前双通道侧喷 PDC 取芯钻头示意

表 3-1　超前双通道侧喷钻头的 PDC 镶焊规格

钻头唇面	外出刃/mm	内出刃/mm	底出刃/mm	镶焊角/(°)	旁通角/(°)	PDC 块数	PDC 规格/mm
第一台阶	1	1	3	10~15	5~15	3 或 6	ϕ 8
第二台阶	1	—	3	10~15	5~15	3 或 6	ϕ 8

此钻头与普通钻头相比,其优点如下:

(1)钻头的第一唇面(超前钻头)先插入地层,能够有效减振,钻具钻进时更平稳。

(2)钻头上设置第一侧喷孔(斜向水眼)和第二侧喷孔(L 形水眼),第一侧喷孔的设置可使冲洗液从内外管环状间隙斜向外流,避免冲洗液进入岩芯与钻头内壁的环状间隙冲蚀岩芯。第二侧喷孔的设置弥补前唇面环空冲洗液流量不足不能及时有效地挟带岩粉的问题,能够有效解决岩粉包芯、岩粉污染岩芯的问题。

(3)PDC 复合片内出刃 1 mm,岩芯直径小于 2 mm,能够保证岩芯顺利进入岩芯内管,同时增加岩芯与岩芯衬管的间隙,减小因间隙不够产生的衬管磨损岩芯事件发生的概率。

(a)A款超前双通道侧喷PDC取芯钻头　　(b)B款超前双通道侧喷PDC取芯钻头

图 3-16　超前双通道侧喷 PDC 取芯钻头实物

3.3.6　其他机构

3.3.6.1　逆止阀

本书研究的软弱夹层新型取芯钻具多用于垂直孔钻进，因此需要在沉砂套管下端、内管上端分别设置逆止阀，控制冲洗液倒流。

逆止阀主要由球阀(钢球)、弹簧和球阀座组成。球阀座通过丝扣与异径接头连接。

3.3.6.2　卡芯机构

针对软弱夹层地层软硬互层交替的特点，通过调研现有钻具的卡芯装置，确定软弱夹层取芯钻具卡取岩芯的方法为卡簧卡取法。

卡簧卡取法也叫提断器卡取法，它由卡簧与卡簧座组成，卡簧为开口环形，与卡簧座锥体配合，卡簧上移则张开、下移则缩闭。钻进过程中，随着岩(矿)芯进入，卡簧被带到卡簧座上部直径最大位置。钻进终了稍一上提钻具，受卡簧内径和岩芯的摩擦阻力，卡簧相对下移而收缩，以致把岩芯卡死而提断。

3.4　软弱夹层取芯钻具的维护与养护

为保证钻具的正常使用，避免因钻具保养不当而产生不利于钻具功能的有效实现，在钻进过程中以及钻进结束后要及时对钻探工具进行保养与维护，并注意以下几点：

(1)搬迁装运钻具的过程中机组人员要轻拿轻放，且注意内外管要水平放置，不能重压。

(2)及时冲洗钻具的沉砂机构，同时检查单向阀的灵活性，注意堵头里面是否有沉渣，如有需及时清洗干净。

(3)每回次终了，检查内外管的垂直度和同心度，如有弯曲变形要及时校正或更换。这样做是为了尽量保证岩芯进入岩芯管时的阻力最小，减小堵芯发生的概率。

（4）如超一天不使用钻具，应将钻具内管或半合管内壁擦干后涂机油，并及时装箱，以防生锈和弯曲变形。

3.5　本章小结

本章针对软弱夹层地层钻进取芯“防振、防对磨、防冲蚀”的独特需求，基于常规单动双管钻具、单动三层管钻具的基本结构，通过对单动机构、内管机构、沉砂机构、防振机构的优化设计，结合特制超前双侧喷 PDC 取芯钻头，研制出一套适用于软弱夹层等难取芯地层的单动三层管取芯钻具，该单动三层管钻具由敞口取粉管、钻杆接头、沉砂套管、四用接头、单动副、外管、调节机构、内管、衬管、扩孔器、逆止阀等组成。

该套钻具针对软弱夹层地层钻进取芯难点量身定制，可在清水作为冲洗液的前提下，显著提升软弱夹层取芯品质。新钻具与现有技术相比，具有以下特点：

（1）敞口式取粉管和沉砂管的组合设计能够有效降低钻孔过程时，清水挟粉能力不足，造成埋钻、卡钻以影响钻具单动问题发生的概率。

（2）双通道侧喷 PDC 取芯钻头的设计，显著降低了冲洗液对位于钻头切削齿前端及进钻头内部岩芯的冲刷。

（3）钻具上端设计安装有扩孔结构的四用接手，与钻具下端扩孔器组合使用，改变了钻具在孔内的受力结构，增加了钻具的稳定性和导正性。

（4）采用推力轴承和滚动轴承组成的单动结构，提升了岩芯内管与单动机构的同心度、单动性。

（5）钻具采用由外管、内管、衬管构成的三层管结构，其中内管采用无缝管结构，可有效避免常规单动双管结构（其内管为半合管机构）中内外管环状间隙的冲洗液对岩芯的冲蚀作用；同时，在完成钻进将岩芯取出钻具外的过程中，设计了水力出芯和机械出芯两种方式，方便现场工人操作，提升施工效率。

（6）软弱夹层岩芯上下岩层均有一定强度，选用卡簧卡取岩芯的方式，能够对软弱夹层起到保护作用。

第4章　软弱夹层清水钻进PDC取芯钻头孔底流场3D数值模拟仿真优化研究

钻头在提升软弱夹层地层取芯品质中扮演着重要的作用,合理地设计钻头水口结构,能有效避免钻进过程中冲洗液对钻头前端及钻头内部软弱夹层岩芯的冲蚀作用。随着计算流体动力学研究的发展,利用计算流体动力学数值模拟分析的方法研究分析钻头水口结构对孔底流场的影响已成为新的手段,为钻头水力学研究提供了极大的方便。

在本章中,主要分两部分介绍:第一部分,基于 Pro/E 软件与 Fluent 软件对钻进工况下不同水口结构的 PDC 取芯钻头孔底流场情况开展数值仿真建模分析工作,研究 PDC 取芯钻头水口结构对孔底流场分布特征特别是岩芯表面冲洗液流速的影响规律,冲洗液流量对双通道侧喷 PDC 取芯钻头内部岩芯表面流速的影响规律。第二部分,基于自主设计的一套冲蚀试验平台,开展冲洗液流速对软弱夹层岩芯冲蚀规律研究,获取冲洗液冲蚀软弱夹层岩芯的流速阈值范围,为设计出适合软弱夹层地层钻进取芯的钻头提供数据支持。

4.1　仿真软件介绍

4.1.1　Pro/E 软件介绍

Pro/E 软件是美国参数技术公司(PTC)推出的一款集 CAD/CAM/CAE 于一体,最早应用参数化设计方法技术的三维操作软件,并且在参数化设计方面也是该领域中的引领者,占据着三维造型软件领域的重要地位,得到当今世界机械 CAD/CAM/CAE 领域的推广和认可;也是我国产品设计中,如航空、汽车、机械、数控(NC)加工、电子等诸多领域的主流软件之一,占据着现今计算机辅助设计领域的重要位置。其强大而完美的功能使其成为一面旗帜和标准在三维 CAD/CAM 领域摇曳。

在钻头设计制造领域,Pro/E 软件主要用于钻头的三维实体建模及与其他软件相结合对 PDC 取芯钻头进行计算分析。

4.1.2　Fluent 软件介绍

Fluent 软件是用于模拟具有复杂外形的流体流动及热传导的计算机软件包,是目前国际上比较流行的商用 CFD 软件包,在美国的市场占有率为 60%,其提供了完全的网格灵活性,让用户可以使用非结构网格(例如二维的三角形或四边形网格,三维的四面体、六面体或金字塔网格)来解决具有复杂外形结构的流动。Fluent 软件采用基于完全非结构化网格的有限体积法,而且具有基于网格节点和网格单元的梯度算法;由于采用了多种求解方法和多重加速收敛技术,因此 Fluent 软件能达到最佳的收敛速度和求解精度。

4.2　仿真计算方案与冲蚀试验方案

4.2.1　不同水口结构 PDC 取芯钻头孔底流场的仿真求解方案

为研究 PDC 取芯钻头水口结构对孔底流场特别是岩芯表面冲洗液流速的影响,采用

Fluent 软件分别模拟计算相同钻进工况下同等规格的(钻头外径一致)孔底常规不隔水PDC 取芯钻头、半隔水 PDC 取芯钻头、底喷 PDC 取芯钻头、侧喷 PDC 取芯钻头、双通道侧喷 PDC 取芯钻头的环空流场情况。通过对比分析不同水口结构 PDC 取芯钻头钻进工况下岩芯表面冲洗液的流速,得出水口结构对岩芯冲蚀强度的影响规律。仿真求解过程采用如表 4-1 所示的钻进参数。

表 4-1　仿真求解过程采用的钻进参数

求解算例	钻头类型	转速/(r/min)	冲洗液流量/(L/min)
求解算例一	常规不隔水 PDC 取芯钻头	217	60
求解算例二	半隔水 PDC 取芯钻头	217	60
求解算例三	底喷 PDC 取芯钻头	217	60
求解算例四	侧喷 PDC 取芯钻头	217	60
求解算例五	双通道侧喷 PDC 取芯钻头	217	60

4.2.2　冲洗液流量对双通道侧喷 PDC 取芯钻头岩芯表面流场影响的仿真求解方案

为研究冲洗液流量对钻进工况下双通道侧喷 PDC 取芯钻头岩芯表面流场的影响规律,基于 Fluent 软件,采用单一变量法分别模拟计算钻进工况下不同冲洗液流量下双通道侧喷 PDC 取芯钻头孔底流场情况,获取流量对双通道侧喷 PDC 取芯钻头岩芯表面冲洗液速度的影响规律。数值仿真钻进参数见表 4-2。

表 4-2　数值仿真钻进参数

求解算例	钻头类型	转速/(r/min)	冲洗液流量/(L/min)
求解算例一	双通道侧喷 PDC 取芯钻头	217	40
求解算例二		217	50
求解算例三		217	60
求解算例四		217	70
求解算例五		217	80
求解算例六		217	90
求解算例七		217	100

4.2.3　软弱夹层岩芯临界冲蚀流速阈值范围试验

4.2.3.1　试验目的

在流体力学领域,通过失重法评价不同流体流速对土体的冲蚀强度是常用的方法。本次试验的目的是通过称量特定时间内不同冲洗液流量(流速)冲刷作用后软弱夹层岩芯的干重,分析冲洗液流量(流速)对软弱夹层岩芯的冲蚀规律,获取软弱夹层岩芯冲蚀流速临界阈值范围，为软弱夹层地层 PDC 取芯钻头水口结构设计提供数据指导。

4.2.3.2　试验设备

本次试验涉及的主要试验设备及仪器有环刀取土器（ϕ 50.46×50 mm）、电子天平（赛多利斯 BSA2202S 电子天平）、水泵（BW240 地质钻探用往复式泥浆泵）、流量计（FLDC 电磁流量计）、冲蚀试验平台（自研）、烘干箱（大容量 PLC 可编程高温烘箱），主要试验设备仪器见图 4-1。

(a)环刀取土器

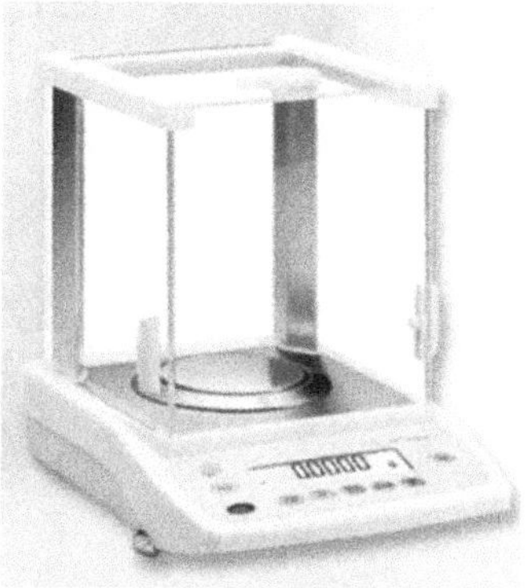

(b)赛多利斯BSA2202S电子天平

(c)FLDC电磁流量计

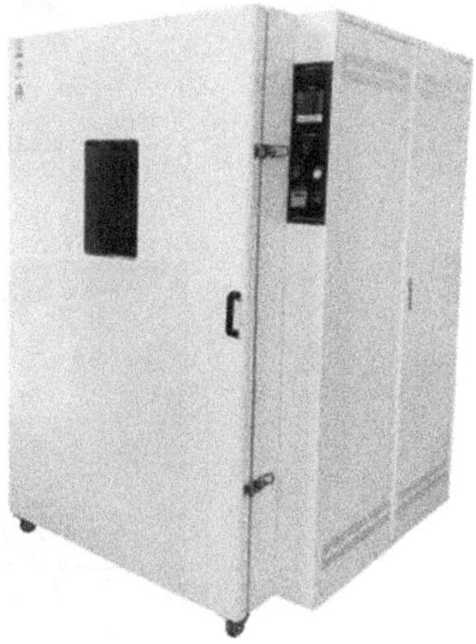

(d)大容量PLC可编程高温烘箱

图 4-1　冲蚀试验使用的主要试验设备仪器

其中，由冲蚀试验台、流速校验台、流量计、流量监测系统、水泵、管路、球形阀门、清水池等组成。冲蚀试验平台示意图和实物图如图 4-2 所示。

冲蚀试验平台的工作原理：在整个冲蚀试验平台通水之前，在冲蚀试验台中放入软弱夹层岩芯，关闭阀门 1、阀门 3、阀门 4，打开阀门 2、阀门 5、阀门 6，打开水泵与流量监测系统，通过调节阀门 1 使得管路中通入目标泵量（流速）的清水，打开阀门 3、阀门 4，关闭阀门 5、阀门 6 开始冲蚀试验。

图4-2　软弱夹层冲蚀试验平台示意图与实物图

4.2.3.3　**试验方案**

(1)在古贤水利枢纽坝址区域采取岩屑夹泥型软弱夹层散状样，依据试验规程完成室内软弱夹层重塑，采用环刀获取软弱夹层芯样(试样直径为50.46 mm，试样高度为20 mm)，将软弱夹层芯样分成A、B两组，A组为对照样，B组为试验样。

(2)将A组对照样(共计10个)放入干燥箱中，烘干后取出并进行称重，取平均值作为试样组软弱夹层芯样干重的参考标准。

(3)将B组试验样分为9组，调节流体泵量(流速)为20 L/min(0.267 m/s)、30 L/min(0.4 m/s)、40 L/min(0.533 m/s)、50 L/min(0.667 m/s)、60 L/min(0.8 m/s)、70

L/min(0.933 m/s)、80 L/min(1.067 m/s)、90 L/min(1.2 L/s)、100 L/min(1.33 L/s);冲蚀试验平台(岩芯环状间隙横截面面积为0.001 25 m^2)分别对9组试验样进行冲蚀,每组分别做5个平行试样,冲蚀时间设定为60 s,冲蚀后将试验样进行烘干称重取平均值。

4.3 PDC取芯钻头流场仿真建模

4.3.1 模型建立

根据第3章3.3.5部分设计的双通道侧喷PDC取芯钻头以及4.2节仿真计算方案中确定的5种钻头水口结构,通过Pro/E软件建立对应水口结构取芯钻头的3D几何模型(见图4-3)。其中,常规不隔水PDC取芯钻头、半隔水PDC取芯钻头、底喷PDC取芯钻头,外径91 mm、内径68 mm,钻头内部卡簧座外径78 mm、卡簧座内径71 mm,卡簧座与钻头内壁环状间隙为2.5 mm、卡簧座与钻头内台阶间隙为2 mm。侧喷PDC取芯钻头和双通道侧喷PDC取芯钻头,外径91 mm、内径61 mm,钻头内部卡簧座外径74 mm、内径63 mm,卡簧座与钻头内壁环状间隙为2.5 mm、卡簧座与钻头内台阶间隙为2 mm。采用侧喷PDC取芯钻头和双通道侧喷PDC取芯钻头,钻头内基本隔水,冲洗液大多从钻头侧喷水口流出,减少对岩芯的冲刷。但有少量冲洗液从卡簧座与钻头内台阶间隙流出,润滑及冷却钻头内侧。

常规不隔水PDC取芯钻头、半隔水PDC取芯钻头在钻齿形状以及内部流体通道设置方面基本相似,底喷PDC取芯钻头钻齿形状和前两者相似但流体通道的结构与前两款钻头不同,侧喷PDC取芯钻头、双通道侧喷PDC取芯钻头的钻齿形状和流体通道的结构与前三款钻头均不同。

计算过程中,考虑计算模型基本都是小缝隙流道,同时存在旋转钻头的计算模型,在计算中将几何模型区分为旋转域和流动域。在数值模拟计算中,考虑动静交界面位置应尽量靠近存在旋转效应的几何面,因此动静面的位置为距离钻进平面80 mm的位置。

在提取流体计算域时,常规不隔水PDC取芯钻头、半隔水PDC取芯钻头、底喷PDC取芯钻头,由于其钻进面为PDC磨削圆形齿,因此默认其钻头钻进切削齿吃进岩层深度为1 mm,该吃进深度不完全是钻进深度,考虑钻进时岩屑没有被及时挟带,岩粉包裹在钻头底部,也符合实际情况,为计算方便,取值1 mm。对于侧喷PDC取芯钻头、双通道侧喷PDC取芯钻头,钻头钢体上前后台阶均设置PDC磨削圆形齿,PDC磨削圆形齿吃进岩层深度也都设置为1 mm。

4.3.2 网格划分

计算网格划分工具为ANSYS-Meshing。对于旋转域,由于其几何拓扑构型复杂,几何间隙细小,其网格类型采用四面体网格方案。对于静止域,其几何拓扑为圆环形柱体,拓扑构型相对简单,因此采用六面体网格划分。

在网格划分过程中,由于几何结构复杂,主要关注的流动通道为小尺寸的流动间隙,因此网格划分中,为保证网格及计算精度,对尺寸较小的几何间隙,例如岩芯与钻头内表面1 mm间隙,通过采用增加四面体边界层网格划分的方式,保证该间隙处至少存在8层

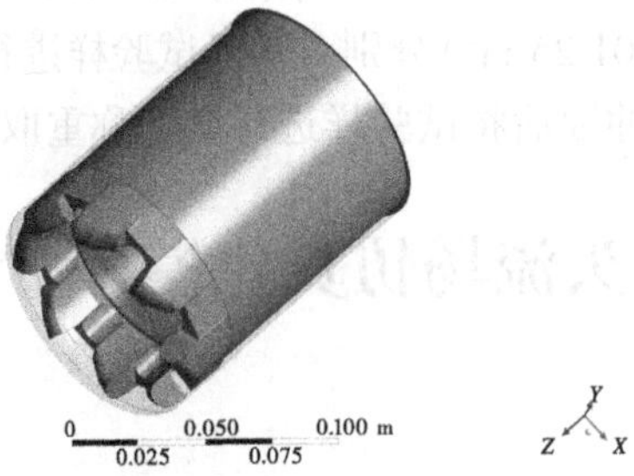

(a)常规不隔水PDC取芯钻头
孔底流场计算域模型

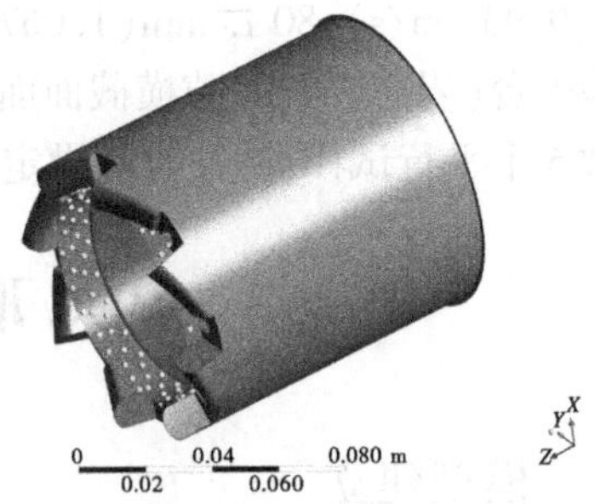

(b)半隔水PDC取芯钻头
孔底流场计算域模型

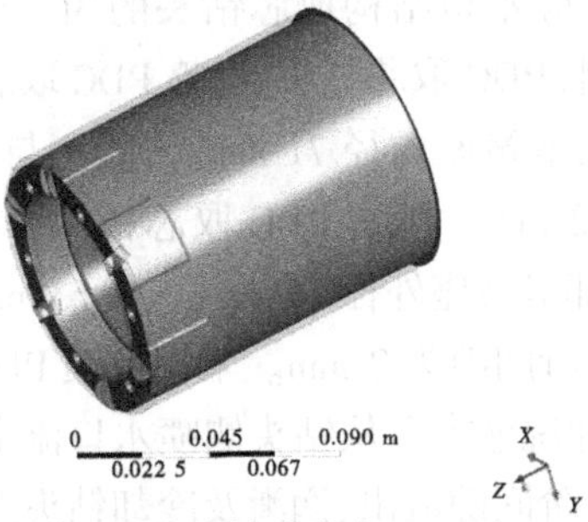

(c)底喷PDC取芯钻头孔底
流场计算域模型

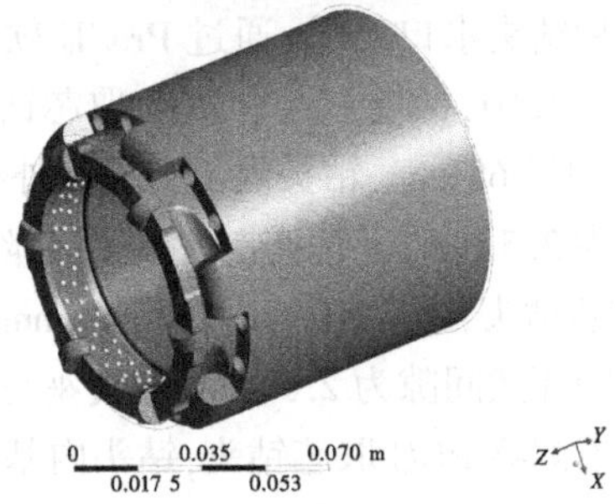

(d)侧喷PDC取芯钻头
孔底流场计算域模型

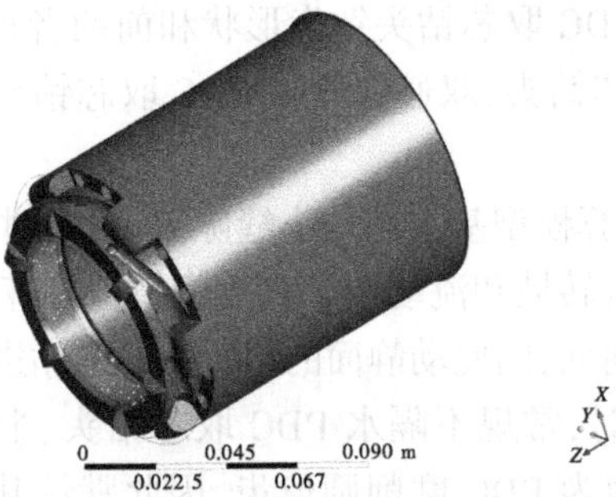

(e)双通道侧喷PDC取芯钻头孔底流场计算域模型

图 4-3　不同类型的取芯钻头孔底流场计算域提取(透明体)

以上的计算网格,因此计算的网格数量较大。

各流体域计算模型的网格数量如表 4-3 所示。不同模型的网格数量存在一定的差异,这主要是钻头旋转计算区域的几何构型和空间尺寸的差异引起的。

表 4-3　各模型网格参数

钻头模型	常规	半隔水	底喷	侧喷	双侧喷
网格数/万个	710	720	769	853	867

4.3.3　求解设置及计算

钻孔孔底流场计算区域的边界条件包括流体的本身特性和流体所处环境的条件,在设置孔底流场计算域时，应当仔细分析各个参数的取值，以保证仿真的准确性。在 Fluent 软件中，有许多边界条件可以设置，这为流场仿真提供了很高的自由度，同时也能尽可能贴近实际，提高仿真的准确性。在本次 PDC 取芯钻头孔底流场仿真中，设置的边界条件如下：

(1) PDC 取芯钻头入口流场的计算区域为质量入口边界；

(2) PDC 卡簧内间隙流场出口设置为壁面；

(3) PDC 取芯钻头出口流场的计算区域为自由出口，其周围的操作环境默认为标准大气压；

(4) 另外设置 4 组壁面边界，分别是钻头的内外表面边界、孔底的边界和岩芯表面边界。

本章 4.2 节中设计的仿真计算方案共计两种，详细参数设置如下：

方案①不同水口结构 PDC 取芯钻头孔底流场仿真求解方案设置的钻进参数为：钻头转速 217 r/min，泵量 60 L/min，地面泵压设置为 1 MPa，冲洗液采用非牛顿流体。考虑冲洗液流量为 60 L/min(1 L/s)，冲洗液的材料为水，对应于质量流量入口为 1 kg/s。钻头部位的整个流场区域的转动速度为 217 r/min，转动方向为 X 轴负方向。

方案②冲洗液流量对双通道侧喷 PDC 取芯钻头岩芯表面流场影响的仿真求解方案设置的钻进参数为：除泵量外其他均与方案①相同，泵量分别设置为 100 L/min、90 L/min、80 L/min、70 L/min、60 L/min、50 L/min、40 L/min，对应的质量流量入口为 1.67 kg/s、1.5 kg/s、1.33 kg/s、1.17 kg/s、1 kg/s、0.83 kg/s、0.67 kg/s。

两种方案流场的计算均为定常流场，不考虑钻进过程中孔底温度变化的影响。

由于冲洗液在钻进过程中所产生的岩粉混合，因此其黏度应当采用非牛顿流体的黏度。本次 ANSYS FLUENT 采用的非牛顿流体模型为幂律模型，其关系式：$\tau = K\gamma^n$，其中，τ 为剪切应力，γ 为冲洗液的剪切速率，K 为稠度系数(计算中取 0.002 5 Pa · s)，n 为流性指数(取 0.6)。

考虑流场内的流动具有一定的旋流效应，因此计算中湍流模型采用 RNGk-ε 模型。

计算模型设置参考图如图 4-4 所示，计算工况迭代残差的收敛情况如图 4-5 所示。

图 4-4　计算模型设置参考

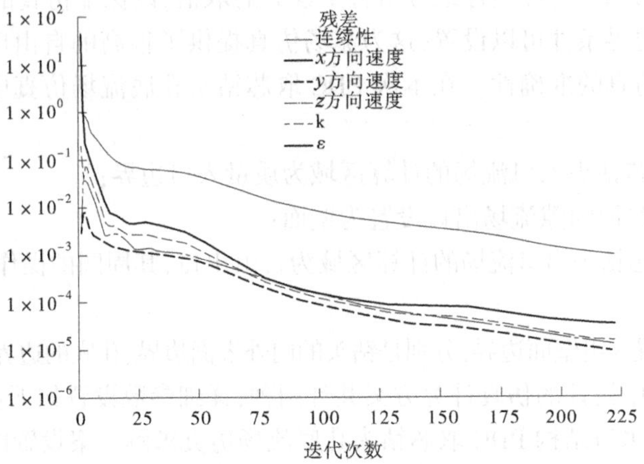

图 4-5 计算工况迭代残差的收敛情况

4.4 PDC 取芯钻头流场对比分析

对于不同水口结构钻头孔底流场的计算结果研究,主要关注流体在孔底钻头环空的分布状态及岩芯壁面流体的流速。对于冲洗液流量对双通道侧喷 PDC 取芯钻头孔底流场计算结果的研究,主要关注不同流量对岩芯壁面流体流速的影响。

4.4.1 相同钻进工况下不同水口结构钻头孔底流场分布状态分析

如图 4-6 所示为常规不隔水 PDC 取芯钻头孔底流场分布状态示意图。数值模拟结果显示,冲洗液从卡簧座与钻头钢体内部环状间隙经岩芯与钻头钢体内壁环状间隙到达孔底,然后经钻头钢体外壁与钻孔环状间隙返回地面。此种水口结构的钻头不需要特殊设计,冲洗液直接冲刷岩芯、挟带岩粉、冷却钻头。优点是挟带岩粉效果好,孔底干净,钻进效率高;缺点是对松软地层易冲蚀地层取芯效果差。

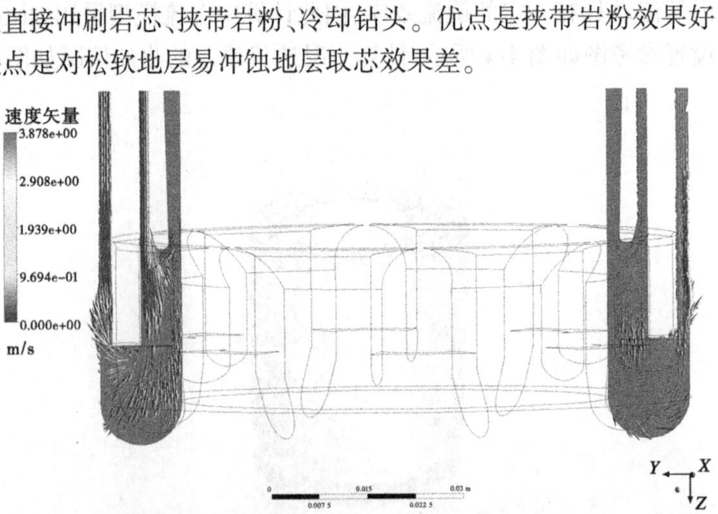

图 4-6 常规不隔水 PDC 取芯钻头孔底流场示意

如图 4-7 所示为半隔水 PDC 取芯钻头孔底流场示意图。数值模拟结果显示，冲洗液从卡簧座与钻头钢体之间的环状间隙经半圆形水槽、钻头钢体与岩芯表面之间的环状间隙到达钻孔底部，然后经钻头钢体与钻孔之间的环状间隙返回地面。半隔水 PDC 取芯钻头的水口结构与常规 PDC 取芯钻头的水口结构差异不大，冲洗液直接冲蚀岩芯壁面，在取芯过程中对软弱地层保护效果不理想。

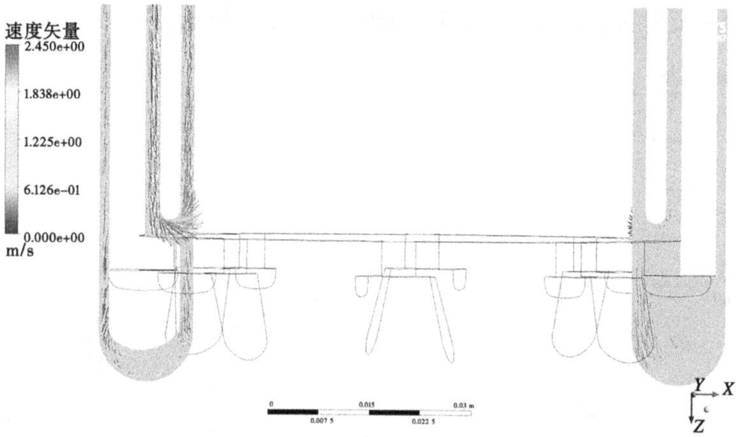

图 4-7　半隔水 PDC 取芯钻头孔底流场示意

如图 4-8 所示为底喷 PDC 取芯钻头孔底流场示意图。数值模拟结果显示，冲洗液经卡簧座与钻头钢体内壁环状间隙下流至钻头内台阶处分流，一部分冲洗液沿底喷水眼流至孔底后沿钻头钢体与孔壁环状间隙返回地面，另一部分冲洗液沿岩芯表面与钻头钢体内壁环状间隙到孔底后汇入钻头钢体外壁与孔壁之间的环状间隙返回地面。此种钻头水口结构设置了底喷水眼，改变了孔底流场的分布状态，使得部分冲洗液避免直接冲刷岩芯壁面，可以改善取芯质量，但是底喷水眼的设置仍避免不了冲洗液冲蚀岩芯根部（位于钻头前端的岩芯），这种水口结构钻头在钻取软弱地层时改善岩芯质量有限。

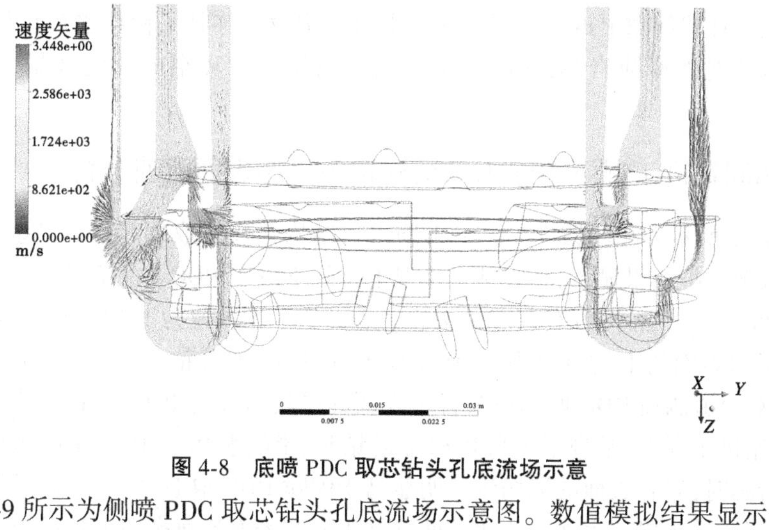

图 4-8　底喷 PDC 取芯钻头孔底流场示意

如图 4-9 所示为侧喷 PDC 取芯钻头孔底流场示意图。数值模拟结果显示，冲洗液经卡簧座外壁与钻头钢体内壁环状间隙到达侧喷钻头第一内台阶时，冲洗液发生分流，一部分沿侧喷水眼到达钻头外台阶处，之后沿钻头钢体与孔壁之间的环状间隙到达地面；另一部分冲洗液沿岩芯表面与钻头内壁环状间隙到达钻孔底部，之后进入钻头超前钢体外壁与钻孔环状间隙上返至钻头外台阶处，汇入钻头钢体与孔壁环状间隙到达地面。这种水口结构既避免了大量冲洗液直接冲蚀岩芯壁面，又避免了冲洗液冲蚀岩芯根部，理论上可有效提升岩芯品质，但也存在超前切削齿环空冲洗液流量过小而不能及时挟带走岩粉，产生岩粉包裹岩芯及岩粉在孔底重复破碎影响钻进效率的可能。

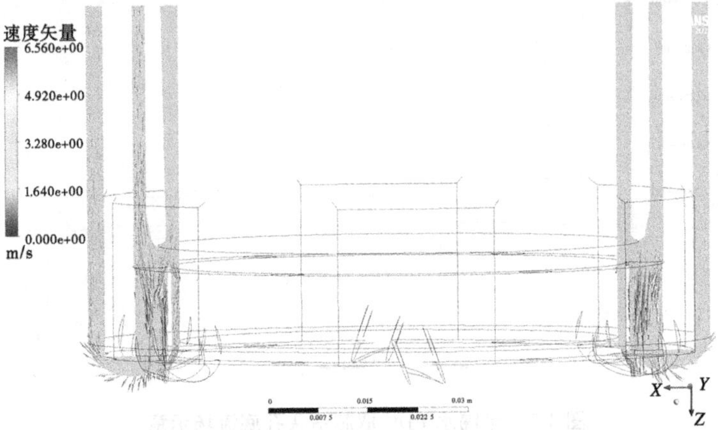

图 4-9　侧喷 PDC 取芯钻头孔底流场示意

如图 4-10 所示为双通道侧喷 PDC 取芯钻头孔底流场示意图。数值模拟结果显示，冲洗液经卡簧座与钻头钢体内壁环状间隙到达钻头钢体内第一台阶时，分成三部分：第一部分冲洗液经侧喷水孔到达钻头外台阶处后，沿钻头钢体与钻孔壁环状间隙返回地面；第二部分冲洗液沿 L 形水眼到达钻头超前钢体外壁与钻孔壁环状间隙上返至钻头外台阶处汇入钻头钢体与孔壁环状间隙返回地面；第三部分冲洗液沿钻头钢体内壁与岩芯表面环状间隙到钻孔底部，沿钻头超前钢体与钻孔壁环状间隙，经钻头外台阶处汇入钻头钢体与钻孔内壁的环状间隙上返回地面。这种水口结构设计弥补了侧喷水口结构的不足，既能避免大量冲洗液冲蚀岩芯，又能增加钻头超前切削齿环空的冲洗液量，及时挟带走岩芯。

4.4.2　相同钻进工况下不同水口结构钻头岩芯表面流速分析

如图 4-11 所示为相同钻进工况下不同水口结构钻头钻取岩芯时岩芯表面平均流速柱状图。数值模拟结果显示，相同钻进工况下常规不隔水 PDC 取芯钻头岩芯表面的平均流速为 1.26 m/s，半隔水 PDC 取芯钻头岩芯表面的平均流速为 1.13 m/s，底喷 PDC 取芯钻头岩芯根部表面的平均流速为 1.05 m/s，侧喷 PDC 取芯钻头岩芯表面的平均流速为 0.02 m/s、双通道侧喷 PDC 取芯钻头岩芯表面的平均流速为 0.016 m/s。数值模拟结果显示，相同钻进工况下，常规不隔水 PDC 取芯钻头、半隔水 PDC 取芯钻头、底喷 PDC 取芯钻头钻取岩芯时，岩芯表面的流场流速明显高于侧喷 PDC 取芯钻头、双通道侧喷 PDC 取芯钻头，前三款钻头岩芯表面流速比后两款钻头岩芯表面流速高两个数量级。结果表明，侧喷 PDC 取芯钻头、双通道侧喷 PDC 取芯钻头的水口结构设计具有明显的防冲蚀作用。

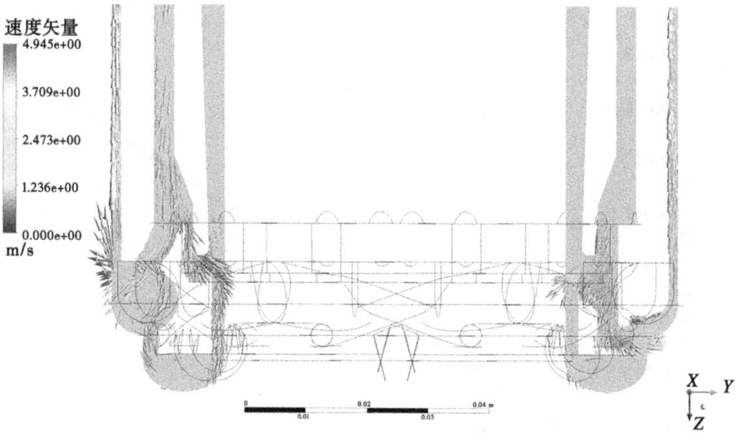

图 4-10　双通道侧喷 PDC 取芯钻头孔底流场示意

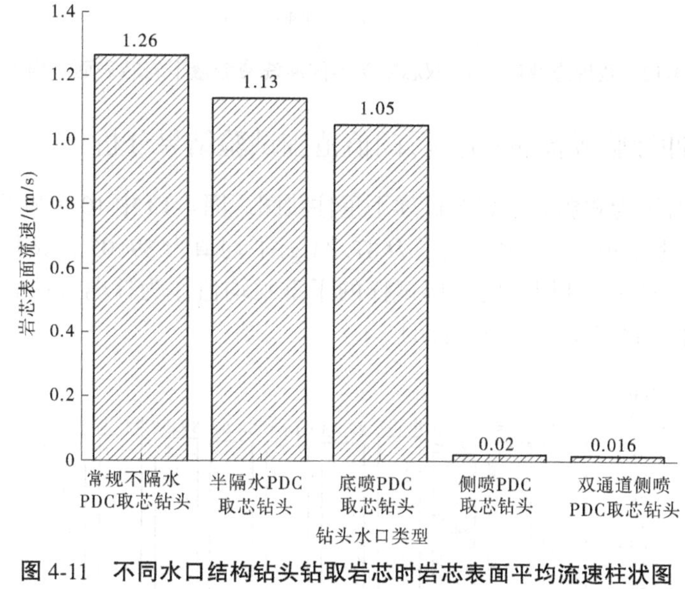

图 4-11　不同水口结构钻头钻取岩芯时岩芯表面平均流速柱状图

4.4.3　流量对双通道侧喷 PDC 取芯钻头钻取岩芯时岩芯表面流场的影响分析

如图 4-12 所示为相同钻进工况下双通道侧喷 PDC 取芯钻头钻取岩芯时,不同冲洗液流量下岩芯表面平均流速图。数值模拟结果显示,冲洗液流量越大钻头内部岩芯表面的流速越大,岩芯表面流速与冲洗液流量呈线性关系,当冲洗液的流量为 100 L/min 时,岩芯表面的流速为 0.018 m/s,当冲洗液的流量为 40 L/min 时,岩芯表面的流速为 0.015 m/s,岩芯表面最大冲洗液流速仍远小于冲洗液的流量为 60 L/min 时,常规 PDC 取芯钻头、半隔水 PDC 取芯钻头、底喷 PDC 取芯钻头岩芯表面/岩芯根部表面的流速。表明在软弱夹层钻取岩芯时,双通道侧喷 PDC 取芯钻头具有良好的防冲作用。

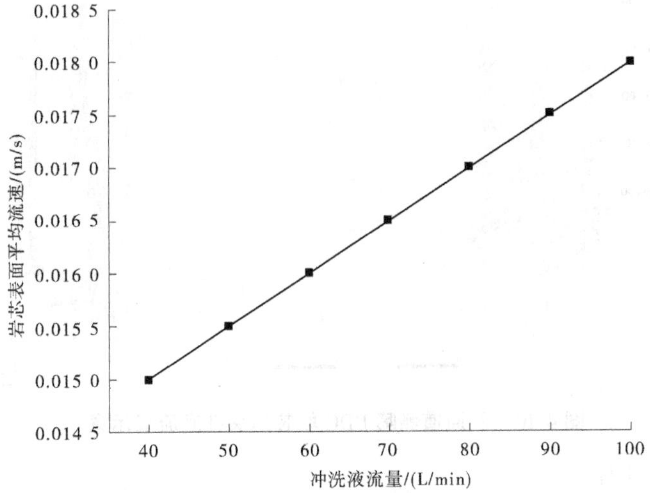

图 4-12　双通道侧喷 PDC 取芯钻头不同冲洗液流量下岩芯表面平均流速

4.4.4　岩芯冲蚀临界流量(流速)阈值范围试验结果分析

如图 4-13 所示为软弱夹层岩芯试样干重柱状图。图 4-13 中 10 个岩芯试样为随机挑选,试样最大质量为 89.96 g,最小质量为 87.83 g,平均值为 89.05 g,试样干重相对平均值最大偏差为 1.37%。利用软弱夹层试样的干重平均值作为软弱夹层岩芯冲蚀试验的对照组数据在本次试验中是合理可行的。

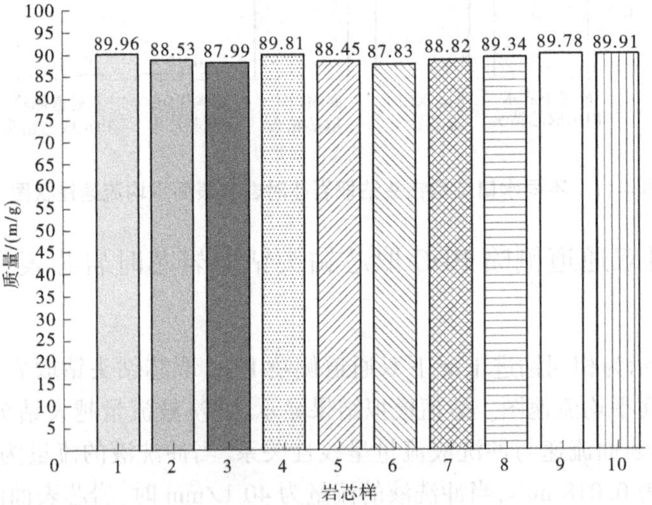

图 4-13　软弱夹层岩芯试样干重柱状图

如图 4-14 所示为不同冲洗液流速冲蚀软弱夹层岩芯 60 s 后,冲蚀岩芯干重的柱状图,横坐标为冲洗液流速,纵坐标为岩芯试样被冲蚀掉的干重。试验结果显示,无论流速大小均可冲蚀岩芯,但是当岩芯表面流速小于 0.800 m/s 时,冲洗液冲蚀岩芯不明显;当岩芯表面流速大于0.933 m/s时,岩样干重损失显著,试验结果显示在本次试验条件下冲洗液冲蚀软弱夹层岩芯流速阈值范围为0.800~0.933 m/s。

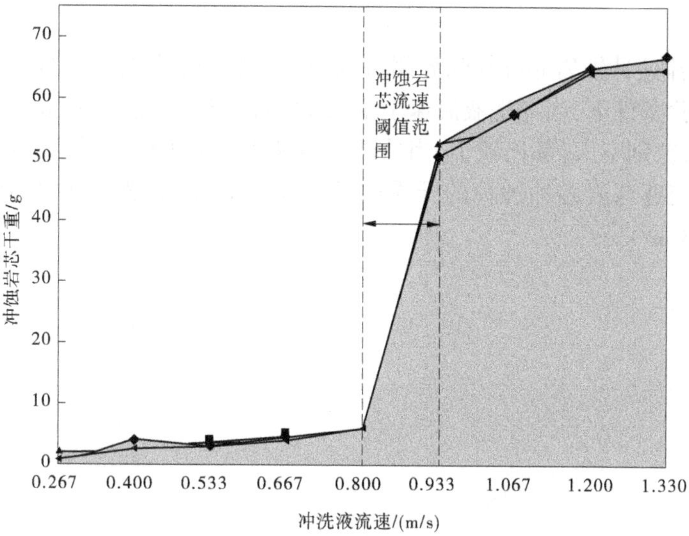

图4-14 冲洗液流速与软弱夹层岩芯冲蚀掉干重的关系曲线

4.5 本章小结

本章运用仿真的思想采用计算机仿真技术,对PDC取芯钻头的水口结构进行了仿真设计,研究分析了相同钻进工况下不同水口结构钻头孔底流场情况,钻头水口结构对岩芯表面流速的影响规律,冲洗液流量(流速)对双通道侧喷PDC取芯钻头钻取岩芯时岩芯表面流速的影响规律。另外,开展了软弱夹层岩芯冲洗液冲蚀流速阈值试验研究,即采用自制的冲蚀试验平台,研究冲洗液流量(流速)冲蚀软弱夹层岩芯的阈值范围。得出主要结论如下:

(1)钻头水口结构对岩芯环空流场有着显著的影响作用。数值模拟结果显示,在相同冲洗液流量(60 L/min)和转速(217 r/min)下,水口结构对孔底钻头环空流场起着至关重要的作用,常规不隔水PDC取芯钻头、半隔水PDC取芯钻头的水口结构对孔底流场分布状态影响不大,底喷PDC取芯钻头、侧喷PDC取芯钻头、双通道侧喷PDC取芯钻头的水口结构对孔底流场影响显著,对岩芯而言具有明显的隔水作用,但是底喷PDC取芯钻头的水口设计方式对岩芯根部冲蚀作用明显。常规不隔水PDC取芯钻头岩芯表面平均流速为1.26 m/s,半隔水PDC取芯钻头岩芯表面流速为1.13 m/s,底喷PDC取芯钻头岩芯根部表面的平均流速为1.05 m/s,侧喷PDC取芯钻头岩芯表面的平均流速为0.02 m/s,双通道侧喷PDC钻头岩芯表面的平均流速为0.016 m/s。侧喷、双通道侧喷的水口结构设计能够显著降低岩芯表面的流速。

(2)冲洗液流量与双通道侧喷PDC取芯钻头岩芯表面流速呈线性关系。数值模拟结果显示，对于双通道侧喷这一特定水口结构，冲洗液流量越大，岩芯表面的流速越大，冲洗液泵量与岩芯表面流速呈线性关系。当冲洗液泵量为 40 L/min、50 L/min、60 L/min、70 L/min、80 L/min、90 L/min、100 L/min 时，岩芯表面对应的流速在 0. 015 ~ 0. 018 m/s 变化。

(3) 冲洗液流速冲蚀岩芯存在临界阈值范围。岩芯冲蚀临界流速阈值范围试验结果显示，在本次试验条件下，当冲洗液流速小于 0. 800 m/s 时，岩芯冲蚀 60 s 后，不同流速冲蚀掉的岩芯干重差别不大，都比较小，当冲洗液流速大于 0. 933 m/s 时，冲掉的岩芯样干重显著增大，从流速与岩芯冲蚀掉的干重质量曲线可知，冲洗液冲蚀岩芯流速阈值范围为 0. 800 ~ 0. 933 m/s。

第5章　软弱夹层取芯钻具清水钻进取芯功能试验研究

软弱夹层地层清水取芯技术是工程勘察领域典型的工程实践技术，理论分析和数值模拟计算结果虽然表明第 3 章、第 4 章设计的钻具及钻头的结构满足设计要求，但是实际效果如何则需要通过室内功能验证试验来进行初步验证。

本章首先严格按照土工试验规程采用古贤水利枢纽坝址区域采集的软弱夹层散状样制作室内软弱夹层地层，搭建室内软弱夹层清水钻进取芯试验平台。其次利用第 3 章设计的软弱夹层取芯钻具配合常规不隔水 PDC 取芯钻头、半隔水 PDC 取芯钻头、底喷 PDC 取芯钻头、侧喷 PDC 取芯钻头、双通道侧喷 PDC 取芯钻头开展一系列钻进取芯试验，检验不同水口结构钻头的实际取芯效果、冲洗液流量对双通道侧喷 PDC 取芯钻头取芯的影响效果、双通道侧喷 PDC 取芯钻头在不同地层倾角软弱夹层地层钻进取芯效果。最后从试验角度初步验证本书设计的钻具和钻头能否满足功能设计的要求，并检验数值模拟结果的准确性。

5.1　软弱夹层钻进取芯试验平台搭建

5.1.1　室内软弱夹层地层设计方案

室内软弱夹层地层设计方案示意图如图 5-1 所示，整个软弱夹层地层映射平面占地面积为 3 200 mm×3 200 mm，埋深 2 760 mm。软弱夹层地层分为上、下两部分，其中上层由地面至地下 1 500 mm 部分为混凝土覆盖层，下层地下 1 500～2 760 mm 部分由预制混凝土块和软弱夹层组成，软弱夹层共计三层，由于实际工程勘察过程中软弱夹层常见厚度为 0～30 mm，因此本地层中由下至上的软弱夹层的厚度分别为 10 mm、20 mm、30 mm。软弱夹层的地层倾角分别设置为 0°、15°、30°、45°。其中，地层倾角为 0°的软弱夹层映射平面占地面积为 6 m^2，地层倾角为 15°、30°、45°的软弱夹层映射平面占地面积均为 1 m^2。地层倾角为 0°的软弱夹层地层预制混凝土块为 1 000 mm×1 000 mm×300 mm 的立方体块，地层倾角为 15°、30°、45°倾角的预制混凝土块为特制尺寸，具体尺寸如图 5-1 所示，预制混凝土块实物图如图 5-2 所示。为增加软弱夹层地层的稳定性，在软弱夹层地层制作过程中，不同预制混凝土块横向摆放过程中预留 100 mm 的间隙用于填充混凝土浆液。

5.1.2　制备软弱夹层重塑试样及地层

软弱夹层散状样取自黄河中游古贤水利枢纽工程坝址区的勘探平硐 PD212，坝址区域发育有多层剪切带软弱夹层，与灰绿色和紫红色粉质泥岩、泥质粉砂岩相互穿插，具有产状近水平、厚度较小、抗剪切强度低等特点，其厚度一般为 1～3 cm，局部达 10 cm。该区域的软弱夹层以岩屑夹泥型为主，其次为泥夹岩屑型和岩块岩屑型，极少为全泥型。本书选择古贤水利枢纽工程坝址区域最常见的岩屑夹泥型软弱夹层为研究对象，拟在室内重塑岩屑夹泥型软弱夹层地层，因此对平硐内 5 个软弱夹层采样点的标本试样做了岩石薄片鉴定试验、软弱夹层颗粒分析、含水率测试（酒精燃烧法）及干密度测试（环刀法）。试验结果见表 5-1。结果显示，5 个泥化基层散装样取样点的主要黏土矿物、黏粒含量、含水率、干密度近乎相同，均为岩屑夹泥型软弱夹层。软弱夹层平硐发育情况及取样过程见图 5-3。

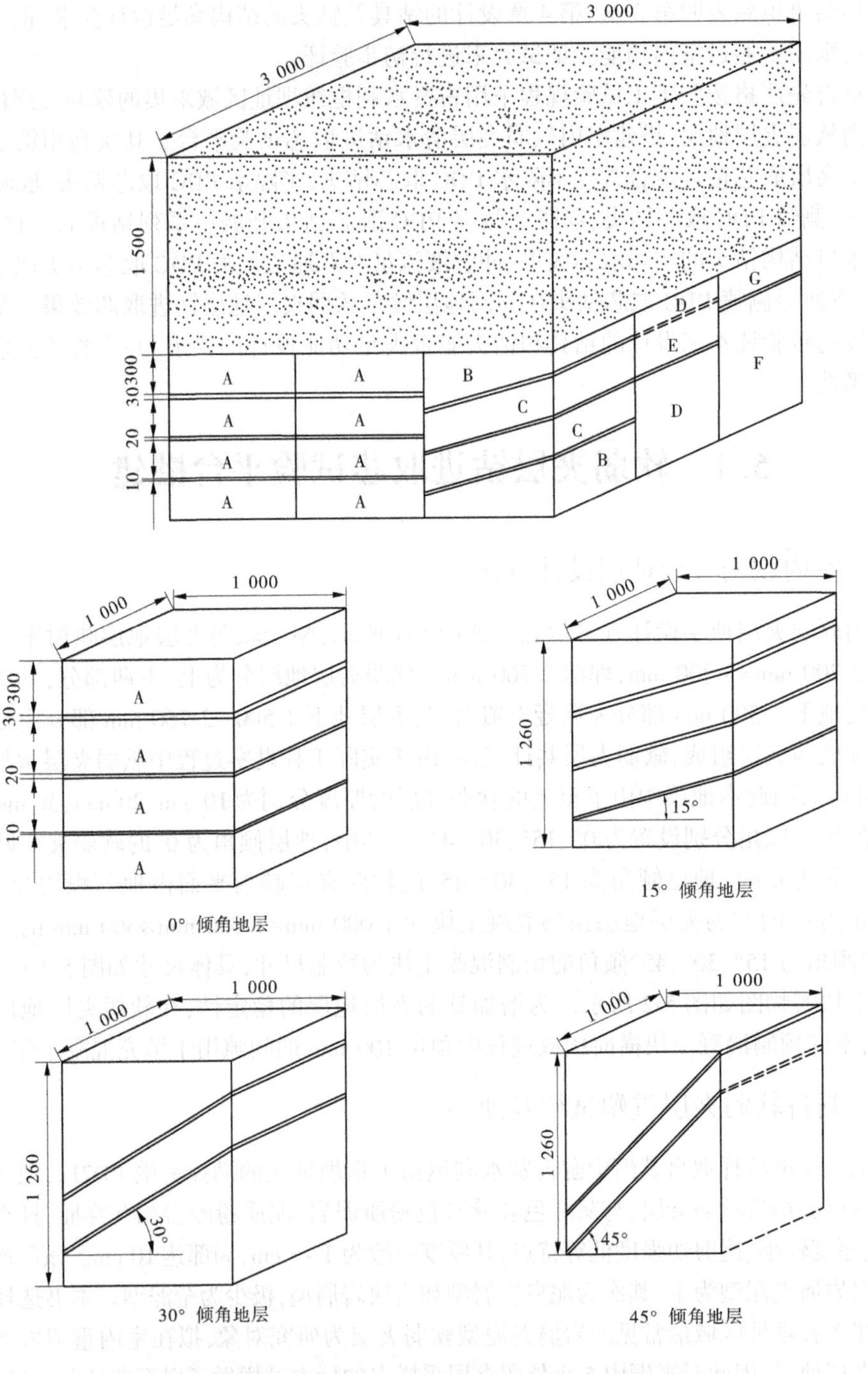

图 5-1　室内软弱夹层地层设计方案示意　（单位:mm）

图 5-2　预制混凝土块实物

表 5-1　平硐 PD212 软弱夹层取样点标本物理指标

软弱夹层取样点组别	主要黏土矿物 M	黏粒含量 C/%	含水率 w/%	干密度 ρ/(g/cm^3)
采样点 1	蒙伊混层	8.6	15.1	1.9
采样点 2	蒙伊混层	8.6	15.1	1.9
采样点 3	蒙伊混层	8.5	15.2	1.9
采样点 4	蒙伊混层	8.5	15.0	1.9
采样点 5	蒙伊混层	8.6	15.1	1.9

(a)紫红色软弱夹层

(b)灰绿色软弱夹层

(c)平硐取样1

(d)平硐取样2

图 5-3　软弱夹层平硐发育情况及取样过程

根据室内软弱夹层地层设计方案及室内土工试验规程，软弱夹层重塑试样规格为1 000 mm×1 000 mm×1 000 mm(10 mm、20 mm、30 mm)，即1 m见方，厚度分别为10 mm、20 mm、30 mm的长方体薄层。重塑试样的制备采用击实法、振实法或压实法，重塑软弱夹层的质量控制指标主要包括干密度 ρ 和含水率 w 两项，其取值 ρ = 1.9 g/cm^3，w = 15.1%，重塑软弱夹层的具体步骤如下：

(1)取试验所需的软弱夹层散状样，经风干、碾碎、过2 mm筛后，测定风干含水率，按目标含水率计算散装样需加水量。

(2)精确称量所需加的水，掺入散状样并搅拌均匀，采用塑料布密封放置24 h使其水分充分均匀分布；取出散状样复测实际含水率，实际含水率与目标含水率误差应小于±1%。

(3)按照目标干密度称量单个试样所需的散状样，装入相应尺寸的钢模具中，通过击实法、振实法或压实法等制成试验所需的软弱夹层重塑试样，要求试样实际质量与目标质量误差小于±3%。软弱夹层地层预制过程见图5-4。软弱夹层地层正式制作过程见图5-5。软弱夹层地层混凝土待凝30 d之后方可开展钻进试验。

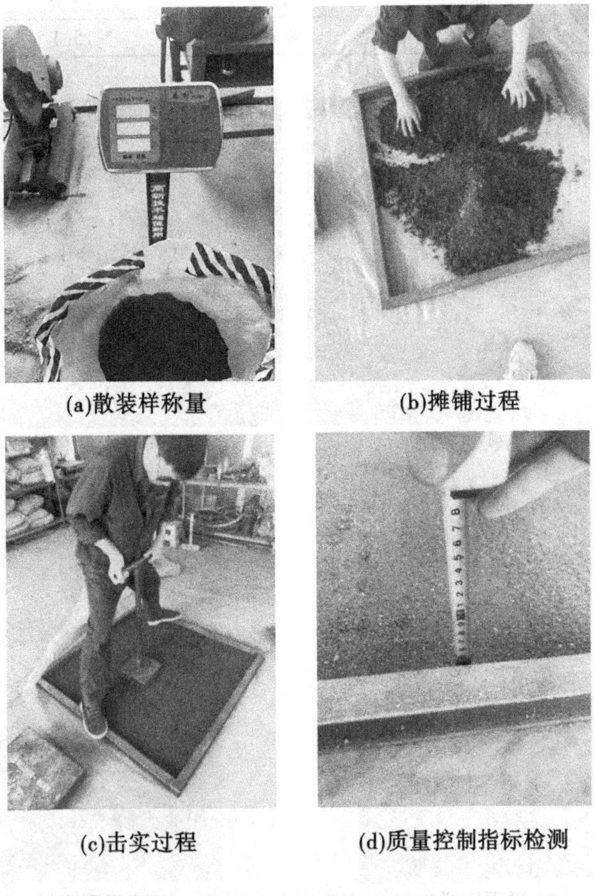

(a)散装样称量　(b)摊铺过程

(c)击实过程　(d)质量控制指标检测

图5-4　软弱夹层地层预制过程

(a)铺预制混凝土块

(b)重塑软弱夹层

(c)质量检测

(d)吊装预制混凝土块

(e)浇筑混凝土

(f)制作软弱夹层地层
表面水槽与整平

图 5-5　软弱夹层地层正式制作过程

5.2　试验设备

本试验涉及的试验设备主要包括钻机、钻具(第 3 章设计的钻具)、钻进参数采集系统(主要包括流量监测、转速、位移监测、钻压监测)、泥浆泵、高压胶管、多款钻进试验钻头。

5.2.1　钻机

本次钻进试验,采用黄河勘测规划设计研究院有限公司改制的 XY-2 履带行走钻机,为主机和桅杆一体搭载在履带底盘的岩芯钻机,既保留了原钻机结构紧凑、布局合理、重量轻、可拆解性好、转速范围合理、操作方便等优点,又新增了塔机一体布置、液压油缸起塔和平移滑轮机构、履带行走机构,使得钻机操纵便捷灵活。XY-2 履带行走钻机技术参数见表 5-2,实物见图 5-6。

表 5-2　XY-2 履带行走钻机技术参数

钻孔角度/(°)	钻孔深度/m	立轴转速/(r/min)	立轴最大扭矩/(N/m)	最大起重力/kN	最大加压力/kN	立轴给进行程/mm
0~360	300~500	57~1 024	3 147	60	45	560

图 5-6　XY-2 履带行走钻机实物

5.2.2　钻进参数采集系统

钻进参数采集系统为黄河勘测规划设计研究院有限公司自主研制的系统,其选用的传感器类型及相关技术参数见表 5-3。

表 5-3　钻进参数采集系统选用的传感器类型及相关技术参数

传感器类型	型号	技术参数
位移传感器	KTC-750 拉杆式位移传感器 (深圳米诺电子有限公司)	输入 24 V,输出 4~20 mA。 量程 0~750 mm
流量传感器	ZFG 型电磁流量计 (西安云仪仪器仪表有限公司)	输入 24 V,输出 4~20 mA。 量程 20 m^3
压力传感器	HSLT-PKGA23	供电电压 24 V DC, 输出 4~20 mA,量程 0~16 MPa
钻速传感器	LR18XBN12DNOY 接近开关 (上海兰宝传感器有限公司)	0~1 000 r/min

5.2.3　泥浆泵

正常钻进时,泥浆泵采用 BW240 往复式泥浆泵(见图 5-7),BW240 地质钻探用往复式泥浆泵是一种卧式三缸往复式单作用活塞泵,该泵具有两种缸径和四挡变量,大量用于 500 m 钻机配套。BW240 往复式泥浆泵主要技术参数见表 5-4。

图 5-7　BW240 往复式泥浆泵

表 5-4　BW240 往复式泥浆泵主要技术参数

缸径/mm	行程/mm	泵速/(r/min)	流量/(L/min)	压力/MPa	输入功率/kW	进水管径/mm	排水管径/mm	质量/kg
75	70	74~259	69~240	2.5~9.0	15	R2.5	M30×1.5	310

5.2.4　高压胶管

高压胶管技术参数见表 5-5。

表 5-5　高压胶管技术参数

规格型号	胶管内径/mm	胶管外径/mm	缠绕层外径/mm	工作压力/MPa	小爆破压力/MPa	小弯曲半径/mm	单位质量/(kg/m)
2SP-51-15	51±1.0	66±1.5	60.8±1.0	15	60	850	4.0

5.2.5　钻头

软弱夹层室内钻进试验用钻头见图 5-8。

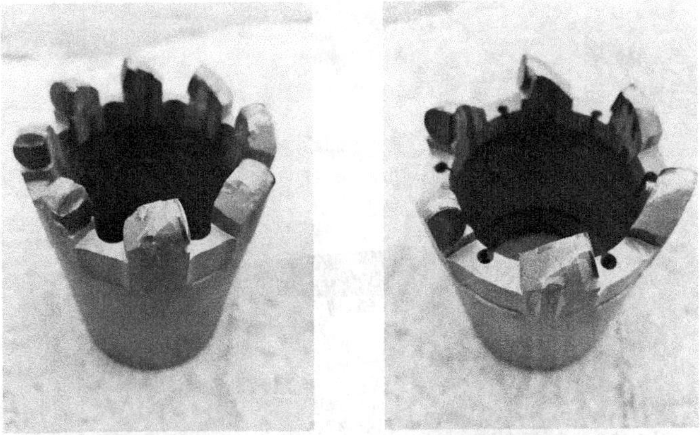

(a)常规不隔水PDC取芯钻头　　(b)半隔水PDC取芯钻头

图 5-8　软弱夹层室内钻进试验用钻头

(c)底喷PDC取芯钻头

(d)侧喷PDC取芯钻头

(e)A型双通道侧喷PDC取芯钻头

(f)B型双通道侧喷PDC取芯钻头

续图 5-8

5.3　试验方案

本章的试验方案由三部分组成:第一部分,不同水口结构钻头钻进取芯试验;第二部分,冲洗液流量对双通道侧喷 PDC 取芯钻头软弱夹层钻进取芯品质影响的试验;第三部分,不同地层倾角软弱夹层地层双通道侧喷 PDC 取芯钻头钻进取芯试验。

第一部分,不同水口结构钻头取芯试验。基于第 3 章设计的钻具,采用单一变量法通过对相同钻进参数不同水口结构钻头(常规不隔水 PDC 取芯钻头、半隔水 PDC 取芯钻头、底喷 PDC 取芯钻头、侧喷 PDC 取芯钻头、A 型双通道侧喷 PDC 取芯钻头、B 型双通道侧喷 PDC 取芯钻头)钻取的岩芯品质对比分析,获取本次试验条件下取芯最合适的钻头。该部分选用的试验参数如表 5-6 所示。

表 5-6　选用的试验参数

钻孔倾角/(°)	钻进转速/(r/min)	给进力/kN	冲洗液类型	泵量/(L/min)
0	217	10	清水	80

第二部分,冲洗液流量对双通道侧喷 PDC 取芯钻头软弱夹层钻进取芯品质影响的试验。基于第一部分试验优选出的钻头(双通道侧喷 PDC 取芯钻头),以冲洗液流量为单一变量,开展软弱夹层清水钻进取芯试验研究,在试验过程选取地层倾角为 0°的软弱夹层地层为目标钻取地层,采用每个流量值钻进两个钻孔开展取芯活动,流量值设置为 40 L/min、60 L/min、80 L/min、100 L/min、120 L/min。试验的具体参数如表 5-7 所示。

表 5-7　冲洗液流量对软弱夹层钻进取芯影响的试验参数

组别	钻进转速/(r/min)	给进力/kN	泵量/(L/min)	冲洗液类型	钻孔取芯次数/次
第一组	217	10	40	清水	2
第二组	217	10	60	清水	2
第三组	217	10	80	清水	2
第四组	217	10	100	清水	2
第五组	217	10	120	清水	2

第三部分,不同地层倾角软弱夹层地层双通道侧喷 PDC 取芯钻头钻进取芯试验。基于双通道侧喷 PDC 取芯钻头及第二部分试验优选的冲洗液流量,开展不同地层倾角的软弱夹层钻进取芯试验,本次试验选用的试验参数如表 5-8 所示。其中,第一组的试验数据选用第二部分试验中所获得的数据即可。

表 5-8　不同地层倾角软弱夹层钻进取芯试验钻进参数

组别	钻进转速/(r/min)	给进力/kN	泵量/(L/min)	冲洗液类型	地层倾角/(°)	钻孔取芯次数/次
第一组	217	10	60	清水	0	2
第二组	217	10	60	清水	15	2
第三组	217	10	60	清水	30	2
第四组	217	10	60	清水	45	2

软弱夹层地层钻进取芯试验的示意图和实物图如图 5-9 和图 5-10 所示。

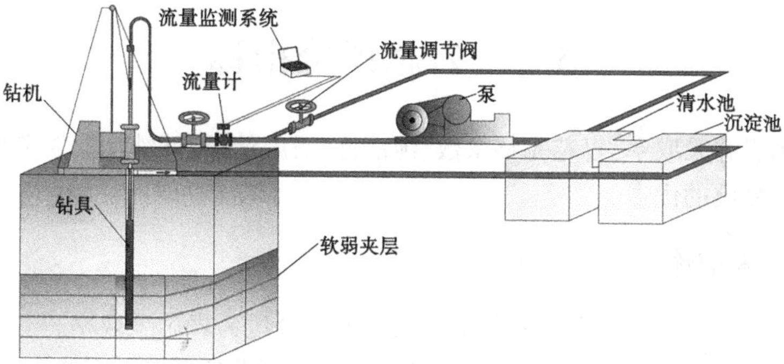

图 5-9　软弱夹层地层钻进取芯试验示意

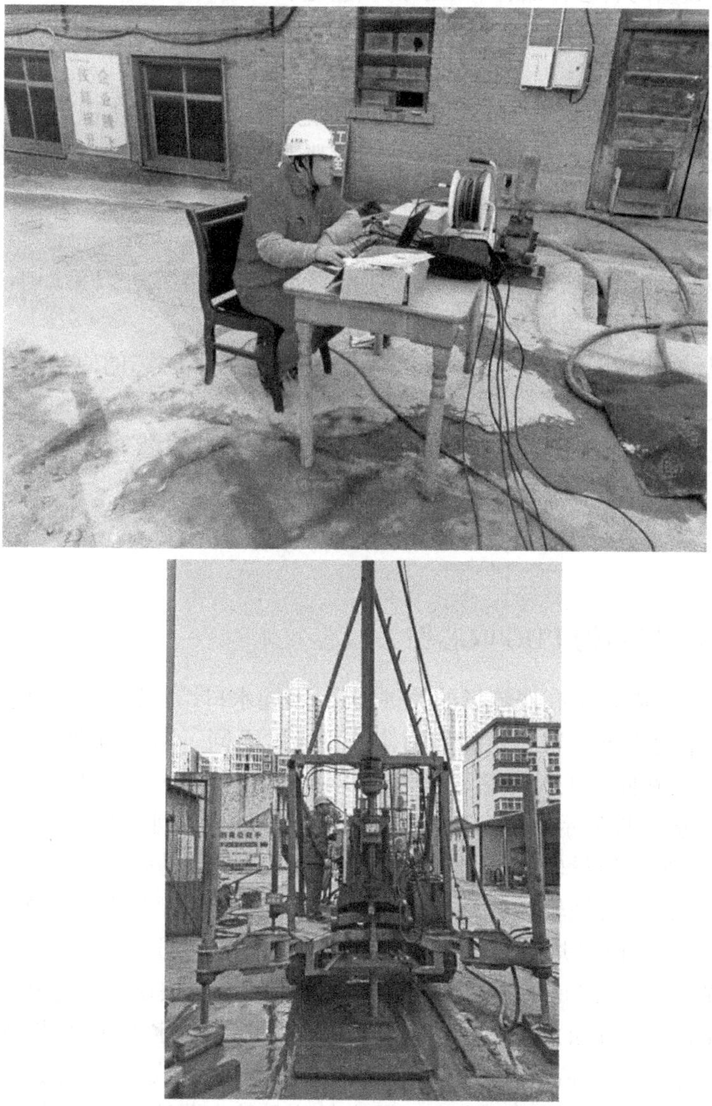

图 5-10　软弱夹层地层钻进取芯实物

5.4　岩芯评价指标

本书采用岩芯采取率、岩芯完整系数、纯洁性/对磨情况/冲蚀情况 3 个指标评价钻取软弱夹层岩芯品质的优劣。

5.4.1　岩芯采取率

取出的岩芯长度与对应孔段实际进尺长度的百分比为岩芯采取率。

根据普查、勘探程序不同，以及钻进岩层不同，按要求各自有一定的岩芯采取率，才能保证得到足够数量的岩芯样品，以满足分析、鉴定和研究的要求。

5.4.2　岩芯完整系数

岩芯完整系数 C=实际取出岩芯的体积/理论上存在的岩芯体积。

岩芯完整系数的取值范围为 0~1。岩芯完整系数越大，实际取出的岩芯体积越大。

5.4.3　纯洁性/对磨情况/冲蚀情况

纯洁性：要求取出的岩芯不受外来物质的侵蚀、污染、渗进，以免影响岩芯的物理性质，也避免因外来物质的影响形成假芯。

对磨情况：钻取软弱岩芯时尽量避免对磨，对磨会破坏岩芯的原状结构，造成岩芯丢失等情况的发生。

冲蚀情况：钻进过程中，冲洗液的冲蚀作用会造成岩芯取芯失败。

5.5　试验结果与分析

5.5.1　不同水口结构 PDC 取芯钻头取芯效果

水口结构是影响钻头孔底流场的关键因素，不同水口结构钻头的孔底流场分布迥异，同等钻进参数下也会导致岩芯表面的流体冲刷速度不同。图 5-11 展示了 6 种不同水口结构的 PDC 钻头在同等工况下钻取的岩芯实物。表 5-9 展示了不同水口结构钻头钻取的岩芯品质，试验结果显示常规不隔水 PDC 取芯钻头、半隔水 PDC 取芯钻头、底喷 PDC 取芯钻头钻取的岩芯质量较差，软弱夹层丢失严重，其中常规不隔水 PDC 取芯钻头、半隔水取芯钻头钻取的岩芯柱较为破碎。侧喷 PDC 取芯钻头、A 型双通道侧喷 PDC 取芯钻头、B 型双通道侧喷 PDC 取芯钻头均能钻取比较完整的软弱夹层岩芯柱（取芯率>99%，岩芯完整系数>0.99），但是侧喷 PDC 取芯钻头钻取的软弱夹层岩芯存在“泥包芯”现象。结合第 4 章数值模拟可知，常规不隔水 PDC 取芯钻头、半隔水 PDC 取芯钻头在钻进过程中，冲洗液均从岩芯表面流过，岩芯表面流速高，均大于软弱夹层岩芯的冲蚀临界速度，导致这两款钻头取芯效果较差。底喷 PDC 取芯钻头虽然有分流隔水作用，但在钻进取芯过程中对软弱夹层岩芯根部冲蚀过大，导致软弱夹层地层钻进取芯效果不好。侧喷 PDC 取芯钻头、A 型双通道侧喷 PDC 取芯钻头、B 型双通道侧喷 PDC 取芯钻头均能钻取比较完整的软弱夹层岩芯柱，是因为这三款钻头均成功实现了钻进取芯过程中隔水防冲作用。侧喷钻头取芯之所以存在“泥包芯”现象，是超前切削齿环中冲洗液流量过少，导致超前齿切削的岩屑不能及时清理挟带走。双通道侧喷 PDC 取芯钻头较好地解决了这个问题。

图 5-11　不同水口结构的 PDC 取芯钻头钻取的软弱夹层岩芯对比

表 5-9　不同水口结构钻头钻取的岩芯品质

钻头类型	岩芯采取品质		
	软弱夹层部分岩芯采取率/%	岩芯完整系数	纯洁性与对磨情况
常规不隔水 PDC 取芯钻头	近似 0	近似 0	有对磨
半隔水 PDC 取芯钻头	< 16.7	< 0.35	有对磨/冲痕明显
底喷 PDC 取芯钻头	< 46.7	< 0.45	有对磨/冲痕明显
侧喷 PDC 取芯钻头	> 99	> 0.99	泥包芯/无对磨/冲痕弱
A 型双通道侧喷 PDC 取芯钻头	> 99	> 0.99	纯洁性好/无对磨/冲痕弱
B 型双通道侧喷 PDC 取芯钻头	> 99	> 0.99	纯洁性好/无对磨/冲痕弱

5.5.2　冲洗液流量对双通道侧喷 PDC 取芯钻头取芯的影响

冲洗液流量是影响孔底钻头流场的另一个因素,常规工况下相同水口结构的钻头,冲洗液流量越大,岩芯表面流体的流速越大,即冲洗液对岩芯的冲蚀程度越大。图 5-12 和表 5-10 分别展示的是不同冲洗液流量下双通道侧喷 PDC 取芯钻头钻取的软弱夹层岩芯实物与品质表,结果显示双通道侧喷 PDC 钻头在流量 40～120 L/min 的试验条件下均可钻取较高品质的软弱夹层岩芯(软弱夹层部分岩芯采取率>99%,岩芯完整系数>0.99,岩芯纯洁性好,无岩芯对磨现象发生)。实际钻取岩芯的效果也较好地验证了第 4 章数值模拟的结果,当冲洗液流量在 40～100 L/min 变化时,双通道侧喷 PDC 取芯钻头岩芯表面流速均小于软弱夹层岩芯冲蚀阈值,该类型钻头均可取出高品质的软弱夹层岩芯。

图 5-12　不同冲洗液流量下双通道侧喷 PDC 钻头钻取的岩芯对比

表 5-10　不同冲洗液流量下双通道侧喷 PDC 钻头钻取的岩芯品质

冲洗液流量/(L/min)	岩芯采取品质		
	软弱夹层部分岩芯采取率/%	岩芯完整系数	纯洁性与对磨情况
40	> 99	> 0.99	纯洁性好/无对磨/冲痕不明显
60	> 99	> 0.99	纯洁性好/无对磨/冲痕不明显
80	> 99	> 0.99	纯洁性好/无对磨/冲痕不明显
100	> 99	> 0.99	纯洁性好/无对磨/冲痕不明显
120	> 99	> 0.99	纯洁性好/无对磨/冲痕不明显

5.5.3　双通道侧喷 PDC 取芯钻头不同地层倾角软弱夹层地层钻进取芯效果

自然界的地层构造中，软弱夹层具有不同的地层倾角，不同倾角的软弱夹层地层强度不一样，钻进取芯难度也有差异。图 5-13 和表 5-11 展示了同种钻进工况下，双通道侧喷 PDC 取芯钻头在不同倾角软弱夹层地层所钻取的岩芯实物图与岩芯品质。试验结果显示，双通道侧喷 PDC 取芯钻头均可在地层倾角为 0°～45°的软弱夹层地层中取出较高品质的岩芯。

图 5-13　不同地层倾角在相同工况下双通道侧喷 PDC 取芯钻头钻取的软弱夹层岩芯对比

表 5-11　不同地层倾角在相同工况下双通道侧喷 PDC 取芯钻头钻取的软弱夹层岩芯品质

地层倾角/(°)	岩芯采取品质		
	软弱夹层部分岩芯采取率/%	岩芯完整系数	纯洁性与对磨情况
0	> 99	> 0.99	纯洁性好/无对磨/冲痕不明显
15	> 99	> 0.99	纯洁性好/无对磨/冲痕不明显
30	> 99	> 0.99	纯洁性好/无对磨/冲痕不明显
45	> 99	> 0.99	纯洁性好/无对磨/冲痕不明显

5.6　本章小结

本章在自主设计的软弱夹层钻进试验平台上，利用前面章节中设计的钻具、钻头，采用控制变量法开展了不同水口结构钻头钻进取芯试验，冲洗液不同流量下双通道侧喷 PDC 取芯钻头钻进取芯试验，通过对比钻取岩芯的品质，检验钻具、钻头的设计功能，验证数值模拟结果准确性的同时，推选适用于软弱夹层地层工程应用的钻头及钻进规程，特别是冲洗液流量，主要结论如下：

(1) 不同水口结构钻头钻进取芯试验表明，首先，双通道侧喷 PDC 取芯钻头具有明显防冲蚀作用，钻进取芯效果好，未发生明显的漏芯、振动扰芯、岩芯对磨现象，也验证了本书设计的钻具具有良好的防振、防对磨效果。其次，钻进取芯效果好的是侧喷 PDC 取芯钻头，这款钻头也可将软弱夹层岩芯较好取出，但有“泥包芯”现象的发生。可选用双通道侧喷 PDC 取芯钻头、侧喷 PDC 取芯钻头在工程项目中开展应用试验做进一步对比。

(2) 冲洗液流量对双通道侧喷 PDC 取芯钻头软弱夹层钻进取芯品质影响试验表明，在冲洗液流量 40～120 L/min 的变化范围内，双通道侧喷 PDC 取芯钻头均可取出高品质的软弱夹层岩芯，从试验角度验证了数值模拟结果准确性。

(3) 不同地层倾角软弱夹层地层双通道侧喷 PDC 取芯钻头钻进取芯试验表明，研发软弱夹层取芯钻具配合双通道侧喷 PDC 取芯钻头使用，在转速 217 r/min、钻压 10 kN、冲洗液流量 60 L/min 的钻进规程条件下，在地层倾角为 0°、15°、30°、45°的软弱夹层地层均可取出较高品质的软弱夹层岩芯，初步验证了本书设计的专用钻具和钻头具有良好的适用性。

第 6 章　软弱夹层高品质取芯技术工程应用试验研究

对于工科领域的科技研发而言,工程应用试验是将科技成果转化为生产力的必然步骤。本章以古贤水利枢纽工程坝址区域勘察项目为依托,采用本书自主设计的钻具、钻头,以及第5章探索的钻进规程和操作工艺,开展钻进取芯试验。通过分析现场钻进记录数据与取芯效果,以及新技术带来的经济效益,最终形成可推广的基岩软弱夹层地层清水钻进高品质钻进取芯技术。

6.1　工程概况

黄河古贤水利枢纽工程位于黄河中游北干流下段,坝址右岸为陕西省宜川县,左岸为山西省吉县,上距碛口坝址235.4 km,下距壶口瀑布10.1 km,控制流域面积489 944 km^2,占三门峡水库流域面积的71%,如图6-1所示。古贤水利枢纽工程是《黄河治理开发规划纲要》确定的黄河干流七大骨干工程之一,是黄河水沙调控体系的重要组成部分,具有防洪、减淤、供水、发电、灌溉等综合效益。

图6-1　古贤水利枢纽工程示意

古贤水利枢纽工程坝址河谷为U形河谷,两岸谷坡稍不对称,地形陡峻,冲沟发育。河谷底宽460 m,河道常水位高程465 m左右。左岸高程625～640 m以上和右岸高程640～665 m以上为黄土覆盖,以下基岩裸露。河床覆盖层最大厚度为5 m。

坝址区地层为三叠系中统二马营上端和铜川组下端岩层,为陆相碎屑岩系,粉砂岩、长石砂岩和黏土岩互层结构。各岩组砂岩属硬岩-坚硬岩石,饱和抗压强度一般为80～100 MPa;各岩组泥钙粉砂岩多属中硬岩,饱和抗压强度一般为50～70 MPa;各岩组泥质粉砂岩多属中硬岩,饱和抗压强度一般为35～45 MPa;各岩组黏土岩多属较软-中硬岩类,饱和抗压强度一般为20～30 MPa。

工程区内地层平缓,构造简单,褶皱、断层不发育。坝址岩体存在数层顺层软弱夹层剪切带,尤其是坝基下430 m、420 m、403 m以及390 m高程的顺层软弱夹层剪切带(其中430 m、420 m高程处的软弱夹层分布于整个坝基,403 m、390 m高程的软弱夹层局部分布)分布范围广、泥化率高、力学指标偏低,对坝基抗滑稳定起控制作用。

6.2　施工设备

参照第 5 章室内钻进试验选用的试验设备,钻具选用本书中设计的软弱夹层取芯钻具,钻头选用侧喷 PDC 取芯钻头和双通道侧喷 PDC 取芯钻头。钻机选用 XY-2 履带行走钻机,泥浆泵选用 BW250 往复式泥浆泵,另外选用高压胶管 50 m,ϕ 108×7 mm 套管 20 m,钻进参数记录系统 1 套,其他配套生产专用材料若干,上述主要设备的相关技术参数在第 5 章 5.2 节中进行了介绍,这里不再赘述。

6.3　钻进方案

(1)钻孔结构。施工钻孔分为河上孔和岸边孔,均为直孔,岸边坝轴线钻孔孔深 50~100 m,河上孔(河床坝轴线钻孔)孔深 80~200 m。岸边钻孔结构简单,目标地层即高程 435~415 m 地层采用 ϕ 91 mm 的软弱夹层取芯钻具钻进取芯,其余地层采用 ϕ 91 mm 单管取芯钻具钻进。河上孔结构复杂,在河底覆盖层地层下入 ϕ 108× 7 mm 套管,目标地层高程 435~415 m 地层采用 ϕ 91 mm 的软弱夹层取芯钻具钻进取芯,其余地层采用 ϕ 91 mm 单管取芯钻具钻进。

(2)冲洗液。因后续要利用钻孔开展压水试验,根据压水试验规程严格采用清水作为冲洗液进行钻进作业。

(3)钻进方法。岸边孔基本分布在基岩上,直接选用单管取芯钻具钻进至目标地层,然后用本书设计的软弱夹层取芯钻具钻取目标地层岩芯,软弱夹层地层钻进取芯完成后换用单管取芯钻具钻至设计深度即可。钻河上孔时先将保护套管下到河底,用水平尺和立轴钻杆校正垂直度,然后用吊锤击打保护套管进入河底覆盖层,套管进尺过程中如遇孤石难以穿过,需用配套钻具从保护套管中间钻穿孤石,并掏空底部砂卵石,再向下击打保护套管,直至目标深度,再选用单管取芯钻具进至目标地层,然后用本书设计的取芯钻具钻取目标地层岩芯,完成取芯任务后换用单管取芯钻具钻至设计深度。

(4)钻进规程。根据第 5 章室内试验的结果,项目组确定本次目标地层和常规地层钻进试验采用的钻进规程如表 6-1 所示。

表 6-1　主要钻进规程

钻孔倾角/(°)	立轴转速/(r/min)	给进力/kN	立轴给进行程/mm	冲洗液	泵量/(L/min)	泵压/MPa
0	217	10	560	清水	60	3.2

6.4　施工技术措施与操作注意事项

根据软弱夹层取芯地层情况和软弱夹层清水钻进高品质取芯技术特点,在钻孔准备和取芯钻进等环节制订了以下技术措施:

(1)钻进前应检查单动装置的灵活性,内外管的垂直度和同心度。注意卡簧、卡簧座与钻头的配合关系,以免发生岩芯堵塞;检查水路畅通,水眼无异物堵塞。

(2)下钻具离孔底1 m左右,先开泵冲孔5~10 min,然后将钻具放到底;钻进时不得随意提动钻具,回次进尺不得超过岩芯管长度。

(3)由于本书设计的软弱夹层取芯钻具为三管钻具,内外水路过水断面小,所以泵压一般要高于单管钻具0.2~0.3 MPa,这是正常现象。但是,泵压急剧增大说明水路堵塞,泵压剧烈减小说明冲洗液严重漏失,都应该及时提钻检查。

(4)回次终了,要停泵静止1~2 min,再提钻;再下钻前,顶板岩芯要取净,否则,残留岩芯会堵住钻头,造成岩芯严重磨损。

(5)拧卸钻具各部件时,要使用多点接触的自由钳,不许用管钳,丝扣要涂油。

(6)禁止用铁锤敲击,不得猛墩。

6.5 应用效果

6.5.1 钻探现场情况

钻探现场为典型的河谷地貌,包括岸边孔和河上孔,如图6-2所示为在现场开展岸边孔钻进取芯试验的照片,如图6-3所示为在工程现场开展河上孔钻进取芯试验的照片。如图6-4和图6-5所示为在工程现场取出的软弱夹层岩芯。

图6-2 现场开展岸边孔钻进取芯试验照片

6.5.2 钻进数据记录

本次现场试验基于本书中设计的软弱夹层取芯钻具共计钻进取芯回次进尺51.2 m,其中采用侧喷PDC取芯钻头钻进取芯回次进尺14.65 m,共计8个回次,取芯结果如表6-

图 6-3　河上孔钻进取芯试验照片

图 6-4　钻采的软弱夹层岩芯 1

2 所示。采用 B 型双通道侧喷 PDC 取芯钻头钻进取芯回次进尺 36. 55 m,共计 23 个回次,取芯结果如表 6-3 所示。

图 6-5　钻采的软弱夹层岩芯 2

表 6-2　侧喷 PDC 取芯钻头取芯结果统计

试验孔号	回次进尺/m	回次数	钻进时间/min	岩芯长度/m	软弱夹层取芯品质		
					岩芯采取率/%	岩芯完整系数	纯洁性与对磨情况
ZK371	31.14~33.04	5	38.0	1.88	98.9	>0.99	岩粉包裹岩芯严重/未发现岩芯对磨现象
	33.04~35.10		41.2	2.04	99.03		
	35.10~36.83		34.6	1.71	98.84		
	36.83~38.88		41.0	2.03	99.02		
	48.50~50.55		42.5	2.04	99.50		
ZK431	35.36~37.04	3	34.2	1.67	99.40	>0.99	岩粉包裹岩芯严重/未发现岩芯对磨现象
	41.63~43.23		32.0	1.59	99.30		
	43.23~44.81		33.5	1.58	99.34		

表 6-3　双通道侧喷 PDC 取芯钻头取芯结果统计

试验孔号	回次进尺/m	回次数	钻进时间/min	岩芯长度/m	软弱夹层取芯品质		
					岩芯采取率/%	岩芯完整系数	纯洁性与对磨情况
ZK372	40.65~42.34	5	31.5	1.68	99.41	>0.98	纯洁性好/未发现岩芯对磨现象/冲蚀痕迹不明显
	42.34~44.05		32.0	1.70	99.42		
	44.05~45.70		30.8	1.64	99.39		
	45.70~47.20		32.1	1.72	99.42		
	47.20~48.92						
	48.92~50.61		31.5	1.68	99.41		
ZK396	32.73~34.40	9	31.2	1.66	99.40	>0.98	纯洁性好/未发现岩芯对磨现象/冲蚀痕迹不明显
	34.40~35.81		26.3	1.41	99.29		
	35.81~37.15		25.0	1.34	99.25		
	37.15~38.74		30.0	1.59	99.37		
	38.74~40.26		30.5	1.52	99.34		
	40.26~41.77		28.2	1.51	99.33		
	41.77~43.23		27.3	1.45	99.31		
	43.23~44.77		28.9	1.51	98.05		
	44.77~46.45		31.4	1.68	97.60		
ZK430	43.35~44.75	3	26.1	1.40	97.10	>0.98	纯洁性好/未发现岩芯对磨现象/冲蚀痕迹不明显
	46.3~44.8		28.9	1.52	98.06		
	53.42~54.99		29.5	1.55	98.10		
ZK439	30.90~32.58	3	31.4	1.65	98.21	>0.98	纯洁性好/未发现岩芯对磨现象/冲蚀痕迹不明显
	32.58~34.23		30.8	1.62	98.18		
	34.23~35.88		32.3	1.61	97.58		
ZK442	37.00~38.60	3	30.0	1.56	97.50	>0.98	纯洁性好/未发现岩芯对磨现象/冲蚀痕迹不明显
	38.60~40.25		31.0	1.61	97.58		
	40.25~41.86		32.5	1.61	98.14		

6.5.3　结果分析

工程应用实践是检验本书研发的高品质软弱夹层清水钻进取芯技术是否适用的必然过程，本次现场试验主要是基于本书设计的软弱夹层取芯钻具、侧喷 PDC 取芯钻头、双通道侧喷 PDC 取芯钻头在真实软弱夹层地层开展钻进取芯试验，通过分析试验结果进一步检验设计的钻具、钻头的优越性，得到的结论如下：

(1)结合第 5 章取芯结果统计表及现场取芯实物(见图 6-6、图 6-7)可知，基于本书中研发的软弱夹层取芯钻具，采用侧喷钻头钻取软弱夹层岩芯时，岩粉包软弱夹层岩芯现象严重，岩粉污染软弱夹层严重，易给地质描芯人员精准判断软弱夹层分布情况造成困扰。采用双通道侧喷 PDC 取芯钻头钻取软弱夹层岩芯时，软弱夹层地层岩芯基本无漏失，软弱夹层岩芯取芯品质良好。

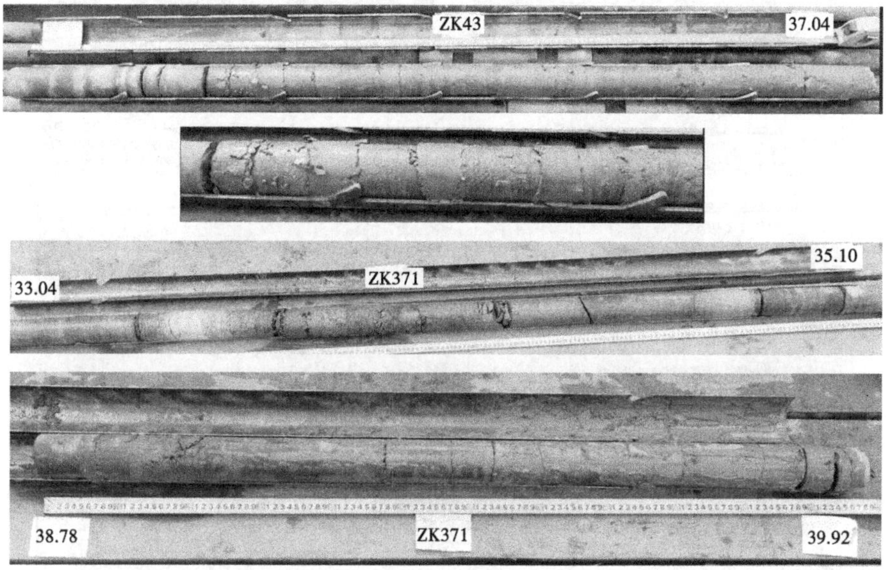

图 6-6　侧喷 PDC 取芯钻头钻取的软弱夹层岩芯

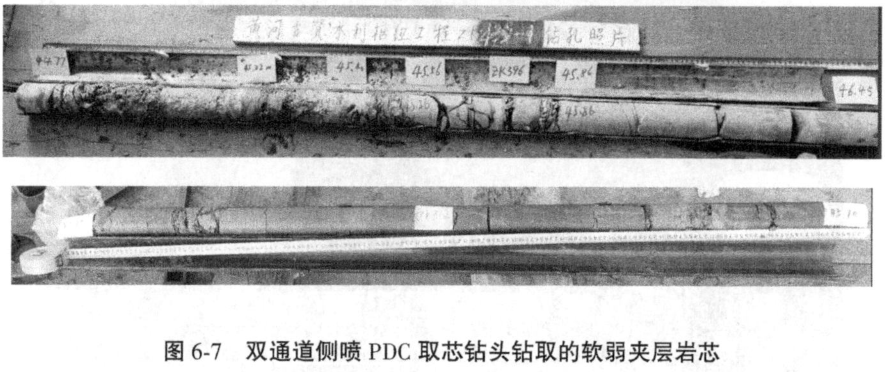

图 6-7　双通道侧喷 PDC 取芯钻头钻取的软弱夹层岩芯

续图 6-7

(2)通过分析现场钻进取芯试验结果可知,超前双通道侧喷 PDC 取芯钻头由于第二侧喷通道的设计,较好地解决了侧喷 PDC 取芯钻头孔底岩粉挟带不及时,造成的岩粉包岩芯现象,以及岩粉污染软弱夹层、岩粉进入岩芯裂隙给地质描芯人员造成误判的情况。

(3)通过观察分析钻进试验过程中钻机、钻杆、钻具的工作状态以及统计分析钻取岩芯的对磨情况得出,新研制的软弱夹层取芯钻具,在孔内钻进取芯时钻进工作状态比较平稳,钻具的单动性良好,很少发生岩芯对磨现象。

在实践钻进过程中,发现存在以下问题:

(1)本书中设计的软弱夹层清水钻进取芯钻具拥有两种出芯方式,即水力出芯与人工抽拉出芯,水力出芯可方便地将岩芯取出,但是在采用人工抽拉出芯时,因岩屑进入衬管与内管之间,衬管与内管之间摩擦力增大,导致工人抽取装有岩芯的衬管困难。

(2)双通道侧喷 PDC 取芯钻头在完成一个回次的取芯后,第二侧喷通道容易遭受岩屑堵塞,在开展下一个回次钻进取芯前,需要清理钻头水流通道中的岩屑。

(3)现场钻探工人多为临时聘用人员,在钻进取芯过程中,钻探工人一味追求钻探进尺,对钻探规程、钻具检视以及操作技术重视度不够,会降低取芯品质。

6.5.4　效益分析

6.5.4.1　社会效益

软弱夹层地层清水钻进取芯困难一直是水利工程勘察领域的技术难题。本书中研发的基岩软弱夹层清水钻进高品质取芯关键技术,经室内功能验证试验,古贤水利枢纽坝址区域工程钻进取芯试验检验,显示出独特的技术优势,有着明显的突破,推动了行业技术的进步,社会效益显著。

6.5.4.2　经济效益

本书研发的基岩软弱夹层清水钻进高品质取芯技术,与水利行业工程勘察领域常用的套钻取芯技术、大口径取芯技术、植物胶钻进取芯技术、无泵反循环钻进取芯技术相比,可显著提高钻探取芯效率和改善软弱夹层的取芯品质,为精准勘察提供技术支撑,同时节省成本,增加企业利润,可为拓展市场带来技术支撑,促进企业技术转型升级。

6.6　本章小结

本章介绍了软弱夹层清水钻进取芯钻具与侧喷 PDC 取芯钻头、双通道侧喷 PDC 取芯钻头在黄河古贤水利枢纽工程坝址区域工程勘察项目的应用情况。得出结论如下:

(1)“软弱夹层取芯钻具+侧喷 PDC 取芯钻头”的组配方式,在软弱夹层地层钻进取芯过程中,岩粉包岩芯现象严重,容易给地质人员造成误判,不适合水利工程勘察需求。

(2)“软弱夹层取芯钻具+双通道侧喷 PDC 取芯钻头”的组配方式,在清水作为冲洗液钻取软弱夹层岩芯时,未发现岩芯冲蚀、振动破坏、岩芯对磨、岩粉包岩芯现象,能钻取高品质的软弱夹层岩芯。

(3)古贤水利枢纽工程坝址区域软弱夹层钻探取芯效果显示,本次工程应用试验采取的钻进规程:钻压 10 kN,转速 217 r/min,冲洗液泵量 60 L/min 是合适的,可作为今后采用本套钻具在类似地层开展钻探取芯作业的参考。

(4)“软弱夹层取芯钻具+双侧喷 PDC 取芯钻头”现场取芯试验情况再次验证了室内试验、孔底流场数值模拟试验的结果，大幅提升了基岩软弱夹层的钻进取芯品质，达到了本书的研究目标。

第 7 章　结论与展望

7.1　研究结论

软弱夹层作为一项水利工程领域重点关注的不良工程地质问题，在工程勘察阶段采用钻探手段准确地揭示其在地下空间的分布特征及通过钻取的岩芯获取本身的性状特征有着重要的意义。基于国内外包括软弱夹层地层在内的复杂地层钻进取芯技术的研究进展和不足，本书以古贤水利枢纽坝址区域内的软弱夹层为研究对象，以软弱夹层取芯钻具和钻头为突破点，采用机械设计理论、流体力学理论、Fluent 流场数值仿真技术、室内冲蚀试验、室内钻进试验、工程现场钻进取芯试验，围绕基岩软弱夹层清水钻进高品质取芯关键技术开展一系列理论与试验研究，获得以下主要研究成果：

(1)通过分析影响钻取岩芯品质的地质因素、人为因素，并结合软弱夹层的工程地质特征揭示了软弱夹层地层易受振动扰动、易发生岩芯对磨、易受冲洗液冲蚀的钻进取芯特征。软弱夹层地层具有两个坚硬层中夹极薄软层的构造特征，其中夹层部分结构松散、力学强度低、水敏性强、遇水易膨胀，决定软弱夹层地层钻进取芯过程容易受到钻具振动、冲蚀、对磨影响导致取芯失败。

(2)结合岩芯钻探技术的发展及水利工程勘察行业的现实需求，特别是钻探工具方面的创意与工艺技术，专门针对软弱夹层地层清水钻进取芯钻具开展了防振设计、防冲设计、防对磨设计，形成一套软弱夹层地层清水钻进取芯专用钻具。

(3)基于室内试验和三维数值流场仿真技术，确定了冲洗液冲蚀软弱夹层岩芯流速阈值范围，为软弱夹层底层取芯钻头设计和钻进关键参数——冲洗液流量选择提供数据依据。

(4)基于数值模拟并结合取芯试验验证，揭示了钻头水口结构对孔底钻头环空流场的影响规律、冲洗液流量与岩芯表面流速的规律，并通过多种水口结构钻头钻进取芯对比，优化出适用的钻头水口结构方案，最终研制出一款适用于软弱夹层地层取芯用的双通道侧喷 PDC 取芯钻头。

(5)形成了一套以“软弱夹层取芯钻具+双通道侧喷 PDC 取芯钻头+钻进规程+操作工艺”为核心的基岩软弱夹层清水钻进高品质取芯技术。经过室内软弱夹层地层钻进取芯试验、黄河古贤水利枢纽坝址区域工程勘察项目应用试验检验，均可取出高品质(岩芯采取率>97.1，岩芯完整系数>0.99，岩芯纯洁性好，岩芯对磨振动扰动少)的软弱夹层岩芯，且成本优势大，易于复制推广应用，为水利工程勘察领域中软弱夹层地层清水钻进取芯提供了一种全新的技术选择。

7.2　研究展望

尽管本书针对软弱夹层地层钻进取芯特点、软弱夹层清水钻进取芯钻具整体结构设计与关键结构优化、软弱夹层清水钻进 PDC 取芯钻头孔底流场 3D 数值模拟仿真优化、软弱夹层取芯钻具钻进取芯效果开展了较为系统的研究，但是由于时间、试验条件等方面的因素，有些问题探讨得还不够深入。为此本书提出以下建议：

(1)继续加强软弱夹层取芯钻具、钻头结构优化等取芯设备研究。取芯设备是影响取芯质量最重要的因素。可对钻具材料、钻具表面减阻涂层、钻具单动副、钻头水口结构、钻具部件尺寸参数等进一步细化研究,为提高钻具、钻头性能提供更多的设计参考指标。

(2)继续开展钻进参数研究。合适的钻压、转速、冲洗液流量是保证岩芯质量和提高钻速的重要保证。本书仅开展冲洗液流量单一参数变量研究。未来,可继续开展钻压、转速对取芯质量的影响研究,为工程应用提供更丰富的指导。

(3)继续开展基岩软弱夹层清水钻进高品质取芯关键技术工程推广应用研究,探索多场景适用的钻探规程,进一步丰富钻探工艺,形成相应的技术操作手册、标准。

参考文献

[1] 山西省人民政府办公厅. 山西省人民政府办公厅关于成立黄河古贤水利枢纽工程推进工作专班的通知:晋政办函〔2022〕102 号[A]. 2022.

[2] 徐晓. 循环动荷载下软弱夹层动力响应特性[D]. 郑州:郑州大学, 2019.

[3] 崔作舟, 尹周勋, 高恩元, 等. 中华人民共和国地质矿产部地质专报 5 构造地质地质力学 15 亚东-格尔木岩石圈地学断面综合研究　青藏高原速度结构与深部构造[M]. 北京:地质出版社, 1992.

[4] 唐楷人. 武隆炭质页岩泥化夹层的流变特性及长期强度研究[D]. 重庆:重庆交通大学, 2017.

[5] 冉隆田, 杨鸣, 王德行. 乌江彭水水电站坝址软弱夹层研究及处理[J]. 人民长江, 2013(6): 14-17.

[6] 林伟平. 葛洲坝基岩 202 号泥化夹层强度选取的探讨[J]. 水利学报, 1982(10): 68-72.

[7] 谭罗荣. 葛洲坝泥化夹层的物质组成特性[J]. 岩土力学, 1984(2): 27-34.

[8] 孙民伟. 小浪底软弱夹层强度特性研究及进水口边坡可靠度分析[D]. 北京:清华大学, 2003.

[9] 高平, 陈艳国, 王贵军. 近水平层状软硬相间岩体风化特征研究:以黄河古贤水利枢纽工程为例[J]. 湖南水利水电, 2022(5): 58-61.

[10] 郭先强. 向家坝水电站坝基帷幕灌浆施工主要难题及解决措施[J]. 水利水电技术, 2013(4): 5-7.

[11] 张海超, 苏鹏, 颜加珍, 等. 沙沱水电站坝基深层抗滑稳定分析及处理措施研究[C]//中国水力发电工程学会 2010 年度全国碾压混凝土筑坝技术交流研讨会, 2010.

[12] 刘世煌. 八盘峡坝基软弱夹层泥化及大坝安全性分析[J]. 西北水电, 2016(4): 8-14.

[13] 长春地质学院. 大藤峡水力枢纽工程坝址泥化夹层蠕变强度研究[J]. 地质科技通报, 1997(3): 5-6.

[14] 曹道宁, 张必勇, 沈金刚, 等. 巴基斯坦卡洛特水电站上第三系软弱夹层研究[J]. 水利水电快报, 2021(11): 21-25.

[15] 陈祖煜, 等. 岩质边坡稳定分析:原理·方法·程序[M]. 北京:中国水利水电出版社, 2005.

[16] 彭进夫, 赖春芳. 对法国马尔帕塞拱坝失事的认识[J]. 西北水电, 2001(3): 21-24, 48.

[17] 刘心庭. 周期性干湿循环条件下红砂岩损伤演化及破坏机理研究[D]. 武汉:中国地质大学(武汉), 2011.

[18] 周静静. 软弱层带力学特性及其对高陡岩质边坡动力稳定性影响研究:以山阳“8·12”山体滑坡为例[D]. 西安:长安大学, 2022.

[19] 邹浩. 西部水电工程倾倒变形体岩体质量评价体系与应用研究[D]. 北京:中国地质大学, 2016.

[20] 孟国涛, 徐卫亚, 杨圣奇, 等. 某水电站坝基 G23 挤压蚀变破碎带成因及工程性质分析[J]. 岩土力学, 2008(6): 1691-1696.

[21] 张彦昌. 含软弱夹层岩质边坡动力响应特性与滑移机制研究[D]. 郑州:郑州大学, 2021.

[22] 张家明. 软弱夹层工程地质特征研究进展[J]. 地质灾害与环境保护, 2020(31): 104-112.

[23] 刘坤书. 黄河碛口水利枢纽索达干坝区软弱夹层基本特性研究[D]. 北京:中国地质大学, 1995.

[24] 刘少华, 罗四秀, 郭绵传. 下溪水利枢纽引水隧洞围岩泥化夹层的工程特性[J]. 江西水利科技, 2008(2): 151-152.

[25] 徐麟祥. 长江葛洲坝水利枢纽工程二江泄水闸沿泥化夹层的深层滑动稳定研究[J]. 岩石力学与工程学报, 1982(1): 21-37.

[26] 谢雄，郭鹏浩. 难取芯地层的钻探技术研究[J]. 西部探矿工程，2017(5)：70-73.
[27] 刘明明，李博勇，熊泽斌，等. 基于钻孔压水试验的渗透系数取值方法研究[J]. 中国农村水利水电，2021(5)：183-187.
[28] 郭明，周晓，杨裕恩，等. Φ615 mm 大口径金刚石取心钻进技术研究[J]. 地质与勘探，2010(6)：1119-1122.
[29] 李文龙，缪绪樟，王栋，等. 大口径取芯钻探在古贤水利枢纽工程勘察中的应用[C]//中国水利学会,中国水力发电工程学会,水利水电钻探信息网. 第十六届全国水利水电钻探暨岩土工程施工学术交流会,2015.
[30] 曾鹏九. 水利水电钻探取心取样技术交流会在洛阳召开[J]. 东北水利水电，1985(12)：26-28.
[31] 李安军. 惠州抽水蓄能电站花岗岩地区软弱夹层钻探技术[J]. 西部探矿工程，2005(增刊)：248.
[32] 宣贵金，叶志强. 万家寨水利枢纽坝基剪切带岩样钻取技术[J]. 探矿工程，1998(增刊)：159-161.
[33] 葛字家，郭孟起，曹雪然，等. SM 胶斜孔技术在古贤水利枢纽软弱夹层中的应用[C]//中国水利学会,中国水力发电工程学会,水利水电钻探信息网. 第十六届全国水利水电钻探暨岩土工程施工学术交流会,2015.
[34] 宣贵金，刘同凯. 万家寨水利枢纽坝基剪切带岩样钻取技术[J]. 西部探矿工程，2002(增刊 1)：278-280.
[35] 陈宗涛. 松散破碎地层泵吸式孔底局部反循环取心钻具研究[D]. 北京：中国地质大学，2017.
[36] 苏子义. 套钻岩心定向技术[J]. 水力发电，1996(1)：35-37,23.
[37] 曾鹏九. 拦河坝基础软弱夹层的勘探[J]. 水力发电，1989(6)：28-32.
[38] 缪绪樟,周晓,郭明. 大口径金刚石复合体取芯钻头的研制及应用[J]. 水利水电技术，2008(4)：34-37.
[39] 郭孟起. 大口径孕镶金刚石复合体钻进新技术及工程应用管理研究[D]. 武汉：中国地质大学(武汉)，2009.
[40] 杨裕恩. “Φ615 mm 大口径金刚石复合体钻头设计研究及其在水利水电钻探硬岩层中的应用”成果在北京通过鉴定[J]. 探矿工程(岩土钻掘工程),2005(4)：39.
[41] 王晚中. 无泵孔底反循环钻进技术在潞安矿区取样工程中的应用[J]. 煤，2010(10)：30-36.
[42] 周高明. 反循环多级套管跟管钻进施工技术在松散层钻进中的应用[J]. 探矿工程，2004(7)：46-47.
[43] 陈六一，唐波，赵相停. 库区滑坡勘察复杂地层取心取样技术研究与应用[C]//全国第五次地质灾害防治学术大会,2006:369-374.
[44] 陈朝红. 吉尔格勒水利枢纽工程坝址区河床深厚覆盖层试验研究[J]. 西部探矿工程，2011(4)：18-20.
[45] 陈六一. 三峡库区重庆巫山二郎庙滑坡勘察取心取样技术[J]. 探矿工程(岩土钻掘工程)，2004(2)：30-32.
[46] 徐键，张光熙. 一种新型的钻探无固相冲洗液[J]. 水利技术监督，2008(2)：42-46.
[47] 葛字家，郭孟起，曹雪然，等. SH 胶冲洗液斜孔技术在古贤水利枢纽软弱夹层中的应用[C]//第十七届全国探矿工程(岩土钻掘工程)学术交流年会论文集，2013.
[48] 孟庆鸿. 松科 1 井复杂地层取心钻具及泥浆优化设计和应用研究[D]. 北京：中国地质大学(北京)，2011.
[49] 杨明爽，李平. 两种新钻具在岩土工程勘察中的应用[J]. 山西建筑，2009(22)：345.

[50] 陈森，朱璞．复杂地层成因分析及钻进技术对策[J]．安徽建筑，2011(4)：89-90.
[51] 李倩．新型双动双管取心钻具的研制[D]．长沙：中南大学，2014.
[52] 吴桐．工程勘察钻探现场质量信息采集与智能分析系统研究[D]．南京：东南大学，2021.
[53] 廖良波．岩溶地区岩土工程勘察钻探技术研究[J]．模型世界，2021(14)：190-192.
[54] 卢恩来．岩溶地区岩土工程勘察钻探技术的应用分析[J]．华北自然资源，2022(1)：68-70.
[55] 楼日新．复杂地层潜孔锤跟管钻进技术研究[D]．成都：成都理工大学，2007.
[56] 牛军辉．松散软及破碎地层绳索取心钻具的研制[D]．北京：中国地质大学(北京)，2009.
[57] 司英晖．防堵取心技术研究与应用[D]．北京：中国石油大学，2009.
[58] WHITEBAY L E. Improved coring and core-Handling procedures for the unconsolidated sands of the green canyon area, gulf of Mexico[C]// SPE Annual Technical Conference and Exhibition: New Orleans, Louisiana, 1986.
[59] 杨玉坤，成伟．国外松软地层取心技术浅谈[J]．石油机械，2002(10)：65-68.
[60] MATTAX C C, MCKINLEY R M, CLOTHIER A T. Core analysis of unconsolidated and friable sands [J]. Jouranal of Petoleum Technology, 1975(12): 1423-1432.
[61] 胡郁乐，张晓西，张恒春，等．CFD 在保真取心钻具结构优化设计中的应用[J]．地质与勘探，2009(5)：627-630.
[62] 吴金生．取心钻头孔底流场仿真与优化研究[D]．成都：成都理工大学，2015.
[63] 李之军．汶川地震断裂带科学钻探断层泥孔段孔壁失稳及泥浆技术对策研究[D]．成都：成都理工大学，2011.
[64] 冯帆，万步炎，黄筱军．海底松软地层取心钻头的设计与结构优化[J]．机械设计，2016(7)：21-26.
[65] 赵哲睿，张绍和，燕建龙．囊袋式取心钻具的设计与应用[J]．煤田地质与勘探，2017(3)：162-164.
[66] 王超．松软、破碎煤层取心工具关键机构分析与设计[D]．西安：西安科技大学，2015.
[67] 尹剑辉，王天琦．基于改进的单动双管钻具在破碎泥岩地层中的应用[J]．工程勘察，2022(12)：23-26.
[68] 欧阳涛坚．滑坡勘察中钻探取芯钻具的改进及应用[J]．工程勘察，2017(10)：34-37.
[69] 李道宾，黎艺明．半合式单动双管钻具在破碎砂泥岩中的应用[J]．广西水利水电，2020(3)：18-20.
[70] 罗敦明，卢春华，王旭，等．松散、破碎、易冲蚀地层四重管密闭保形取芯钻具研制[J]．工程勘察，2019(7)：1-4.
[71] 梁人祝．钻探设备[M]．北京：地质出版社，1986.
[72] 汤凤林，A.Г. 加里宁，段隆臣．岩心钻探学[M]．武汉：中国地质大学出版社，2009.
[73] 肖树芳，K·阿基诺夫．泥化夹层的组构及强度蠕变特性[M]．长春：吉林科学技术出版社，1991.
[74] 王先锋，刘万，佴磊．泥化夹层的组构类型与微观结构[J]．长春地质学院学报，1983(4)：73-83.
[75] 刘庆军，金义德，孙芳，等．黄河碛口水利枢纽泥化夹层强度及其影响因素[J]．华北水利水电学院学报，2001(4)：33-36.
[76] 徐国刚．红色碎屑岩系中泥化夹层结构及强度特性研究[J]．人民黄河，1994(10)：33-37.
[77] 齐三红，石守亮，谭建领．小浪底水利枢纽泄洪消力塘泥化夹层工程地质研究[J]．黄河水利职业技术学院学报，1999(3)：4-8.
[78] 吴奇，杨国华，王磊．索达干坝址区泥化夹层工程地质特征[J]．岩土工程技术，2002(3)：125-131.

[79] 刘会源. 黄河龙门水库坝址区软弱夹层分布规律的初步研究[J]. 人民黄河, 1987(3): 59-64.
[80] 凌湖南, 史尚尧. 上犹江大坝基础板岩破碎泥化夹层及其对大坝稳定的影响[J]. 大坝与安全, 1990(Z1):48-56.
[81] 孙民伟. 小浪底软弱夹层强度特性研究及进水口边坡可靠度分析[D]. 北京:清华大学, 2003.
[82] 戴广秀, 凌泽民, 石秀峰, 等. 葛洲坝水利枢纽坝基红层内软弱夹层及其泥化层的某些工程地质性质[J]. 地质学报, 1979(2): 153-166.
[83] 王东华. 宝珠寺水电工程坝址区软弱夹层的工程地质研究[J]. 西北水电, 1986(2): 1-13.
[84] 杨兴振. 含软弱夹层的岩质边坡抗震稳定性研究[D]. 西安:长安大学, 2017.
[85] 韩雷. 三峡库区巴东组强风化紫红色泥岩崩解进程的化学干预研究[D]. 合肥:合肥工业大学, 2019.
[86] 张彦昌. 含软弱夹层岩质边坡动力响应特性与滑移机制研究[D]. 郑州:郑州大学, 2021.
[87] 王宝生, 许秀琴, 马瑾, 等. 颗粒成分对断层泥力学行为的影响[C]//中国岩石力学与工程学会高温高压岩石力学专业委员会.第一届高温高压岩石力学学术讨论会论文集, 1986.
[88] 孙少锐, 刘勇, 郝社锋, 等. 华东典型软弱夹层力学性质及微观破坏过程[J].中南大学学报(英文版), 2022(6): 1973-1986.
[89] 钱可贵. 塔东地区超深井小井眼取芯技术的完善与应用[J]. 西部探矿工程, 2021(10): 26-29.
[90] 郝永生. 单动双管取芯技术在松散、破碎地层中的应用[J]. 铁道工程学报, 2010(6): 32-35.
[91] 徐少枫. 钻具扭转振动实时监测系统研究与设计[D]. 成都:西南石油大学, 2018.
[92] 王刚, 丁永伟, 石元会. 钻具振动分析方法与应用[J]. 江汉石油职工大学学报, 2006(4): 72-74.
[93] 韩学岩, 武庆河. 钻具振动的三种基本形式[J]. 录井技术, 2003(3): 41-46.
[94] 李明月. 水平段随钻扩眼钻具系统非线性振动特性研究[D]. 成都:西南石油大学, 2019.
[95] 段绪林, 云卓, 郝世东, 等. 对破碎地层取心预防磨心的认识与建议[J]. 钻采工艺, 2019(1): 99-100.
[96] 许俊良. 疏松及破碎地层取心新技术[J]. 钻采工艺, 2009(1): 22-23.
[97] 李伟成, 陈晓彬, 陈立, 等. 提高碳酸盐岩破碎地层取心收获率技术[J]. 钻采工艺, 2007(2): 37-38.
[98] DOGAY S, OZBAYOGLU E, KOK M V. Trajectory estimation in directional drilling using bottom hole assembly analysis[J]. Energy Sources, Part A: Recovery, Utilization and Environmental Effects, 2009(7): 553-559.
[99] ESFAHANIZADEH L, DABIR B, GOHARPEY F. CFD modeling of the flow behavior around a PDC drill bit: effects of nano-enhanced drilling fluids on cutting transport and cooling efficiency[J]. Engineering Applications of Computational Fluid Mechanics, 2022(1): 977-994.
[100] HUANG Z, ZHANG W, ZHU J, et al. Research on variation law of geophysical drill-bit downhole flow field under the interaction of multiple hydraulic factors. [J]. Science Progress, 2021(3): 1-23.
[101] ZHOU Y, HUANG Y, TAN B. Application of the response-surface method and CFD simulations in the matching optimization of spiral sealing for a high-speed cone bit[J]. Journal of the Chinese Institute of Engineers, 2021(7): 694-703.
[102] HAJIPOUR M. CFD simulation of turbulent flow of drill cuttings and parametric studies in a horizontal annulus[J]. SN Applied Sciences, 2020(6): 1-12.
[103] HAMNE J. CFD Modeling of Mud Flow around Drill Bit[D]. Skandinaviske halv∅, Luleå University of Technology, 2017.
[104] SONG C, KWON K, PARK J, et al. Optimum design of the internal flushing channel of a drill bit using

RSM and CFD simulation[J]. International Journal of Precision Engineering and Manufacturing, 2014(6): 1041-1050.

[105] MELEZHIK V A. The international continental scientific drilling program[J]. Frontiers in Earth Sciences, 2013: 25-30.

[106] 李清波, 王贵军, 刘庆亮, 等. 红层坝基泥化夹层高压射流冲洗置换试验研究[J]. 人民黄河, 2021(5): 132-136.

[107] 赵永胜, 王新建, 李金都, 等. 古贤水利工程坝址区剪切带渗透变形特性试验研究[J]. 人民黄河, 2022(12): 106-111.

[108] 李清波, 张书磊, 葛字家, 等. 用于清水钻进泥化夹层取心的双管侧喷 PDC 钻头: 2L2020217196431. 0[P]. 2021-01-26.

[109] 卢宗玮, 王清峰, 李彦明. 煤矿井下密闭取样钻头设计与优化[J]. 矿业安全与环保, 2022(2): 107-111.

[110] 台沐礼, 钟兴吉, 尹江. PAB 无固相聚合物冲洗液在绿泥石化破碎蚀变带地层岩芯钻探中的应用[J]. 西部探矿工程, 2010(12): 85-86.

[111] 朱旭明. 汶川地震断裂带科学钻探复杂地层取心技术[D]. 北京:中国地质大学(北京), 2016.

[112] 吴晶晶. 超前侧喷取心钻具的研制[D]. 长沙:中南大学, 2013.

[113] 李青云, 王幼麟. 模糊数学在坝基缓倾角泥化夹层工程分类中的应用: 岩石力学测试技术及高边坡稳定性[C]//第二次湖北省暨武汉岩石力学与工程学术会议,1990.

[114] 傅旭东, 卢继忠, 黄斌, 等. 含软弱夹层的强风化泥岩强度及破坏模式试验研究[J]. 东南大学学报(自然科学版), 2021(2): 242-248.

[115] 柳万里. 含泥岩类夹层巴东组斜坡工程地质特性及其孕滑机理研究[D]. 北京: 中国地质大学, 2022.

[116] 刘文连, 张家明, 王志强, 等. 基于三维激光扫描技术的岩质边坡泥化夹层空间分布和几何形态[J]. 吉林大学学报(地球科学版), 2021(4): 1139-1151.

[117] 沈义东. 红层地区变倾角顺层斜坡失稳机理研究:以兴浪坡滑坡为例[D]. 成都:成都理工大学, 2020.

[118] 任自铭, 王方超, 杜冰洁. 古贤水利枢纽工程进场交通规划技术研究[J]. 人民黄河, 2022(A2): 175-177.

[119] 叶星宇. 古贤水利枢纽挑流消能设计优化研究[D]. 天津:天津大学, 2021.

[120] 高平, 王贵军, 王品. 古贤水利枢纽坝址区基岩剪切带抗剪强度参数确定[J]. 水电能源科学, 2019(8): 122-124.

[121] 高平, 陈艳国. 古贤水利枢纽坝址区剪切带空间发育特征研究[J]. 三峡大学学报(自然科学版), 2019,41(增刊 1): 37-40.